# 实用电工技术

主 编 谭 政
副主编 玄春朋
参 编 周栾爱 郑 丽 刘希村 李曰广
编 审 谭 政

中国电力出版社
CHINA ELECTRIC POWER PRESS

## 内　容　提　要

本书以模块化的方式，在每个模块中都给出了本模块的知识目标、能力目标以及器材准备，读者可根据这些内容对本模块将要介绍的内容有初步了解，同时在模块中安排了不同的学习任务和实训技能环节，具有技术性、实用性和可操作性强的特点。

本书内容包括常用电工工具与电工材料、室内电气线路安装、常用电工仪表、常用低压电器、三相异步电动机控制线路及故障分析、三相异步电动机拆装与检修等。

本书可作为高职高专电气自动化、机电一体化、机械、船舶等专业的实训教材，也可供中高级职业技能培训和从事电工电子技术的有关人员学习使用。

**图书在版编目（CIP）数据**

实用电工技术/谭政主编. —北京：中国电力出版社，2015.2
（2022.9 重印）
　ISBN 978 - 7 - 5123 - 6840 - 8

Ⅰ. ①实…　Ⅱ. ①谭…　Ⅲ. ①电工技术　Ⅳ. ①TM

中国版本图书馆 CIP 数据核字（2014）第 283462 号

中国电力出版社出版、发行
（北京市东城区北京站西街 19 号　100005　http：//www.cepp.sgcc.com.cn）
北京雁林吉兆印刷有限公司印刷
各地新华书店经售

\*

2015 年 2 月第一版　2022 年 9 月北京第五次印刷
787 毫米×1092 毫米　16 开本　11.25 印张　257 千字
定价 **28.00** 元

# 前　言

多年来，苦苦寻求学生迅速成才之路，不知是老师努力不够，还是学生缺乏动力、兴趣，效果总不太令人满意。向传统的教学理念挑战，向传统的教学方法挑战，我们试着从本书开始。

本书以模块形式编写，各模块既相互独立，又相互联系，相关专业根据需要可灵活选择，优化组合。

本书根据专业培养目标和职业技能标准，遵循"听""看""写""思""动"的教学规律，使知识与能力、训练与考核相结合，精讲精练，重点放在工艺技能训练上，注重培养学生独立操作和分析解决问题的能力。教学可采用模块教学法，即讲解与演示——操作与指导——考核与总结；也可采用项目教学法，即每个模块可分成一个或几个教学项目，根据项目要求先让学生看书自学，设计完成教学项目的方案，在老师的指导下实施项目操作，根据操作情况进行总结考核；还可根据各院校实际情况，实行现场教学，把宿舍、教室、实验室、实训车间、校园供电系统等的电气设备作为学习培训的目标，让学生从身边的电气知识学起。教学方法千变万化，靠的是老师的组织和创造性的发挥。

本书既可作为高职高专机电、机械、船舶等专业教材，也可供中高级职业技能培训和从事电工电子技术的有关人员学习使用。

由于编者水平有限，书中错误在所难免，敬请读者批评指正。

编　者

2015 年 1 月

# 目　录

# 绪　　论

当今，社会的进步、科技的发展日新月异。随着信息技术、电子技术、自动控制技术的发展，各行各业机械化、自动化水平越来越高，对这些设备的安装与调试，使用与维护，需要一大批既懂"机"又懂"电"，"强""弱"电结合，具有较高综合素质和较强动手能力的中、高级应用型技术人才。本书正是为满足这一需要而编写的。

## ➡ 知识目标

了解本课程的内容及要求；了解职业等级证书及上岗证书的情况；懂得电工实训操作的要求；掌握电气安全操作常识。

## ➡ 能力目标

掌握灭火器的使用方法；掌握触电急救的操作要领。

## ➡ 器材准备

干粉灭火器、泡沫灭火器、人体救助模型。

## 一、课程的内容及能力要求

### 1. 内容

（1）电工工具正确使用与保养，电工材料的规格、型号及选用。

（2）室内配线，灯具及配电箱（柜）安装。

（3）电工仪表的正确使用。

（4）低压电器的安装与维修。

（5）电动机基本控制线路的识读、安装接线、故障分析与排查。

（6）电动机拆装与检修。

### 2. 能力要求

（1）熟练使用电工工具、电工仪器仪表，正确选择电工材料。

（2）能分析看懂电工电子线路图。

（3）能够安装调试、运行检修相关设备。

（4）能够安装检修电动机。

（5）能够分析排除机械电气故障。

（6）能够正确处理电气设备安全事故和触电急救。

总之，职业技术院校的毕业生要达到国家规定的中、高级职业技术能力水平，电工还要取得上岗资格证书。

### 二、职业技能等级证书和电工作业资格证书

职业技能等级证书分为初级、中级、高级、技师和高级技师 5 个级别，由国家劳动和社会保障部组织颁发。各省市或行业实施培训考核，并由经过政府批准的考核、鉴定机构负责实施职业技能的鉴定，考核合格者可获得国家劳动和社会保障部颁发的相应级别的职业技能证书。

职业技术院校中、高级维修电工理论考试内容包括电工电子、电气控制、电力拖动、电动机变压器结构原理、安装检修、电工工艺、PLC 技术、变频器自动控制等知识，考试时间为 90min。实际操作考试主要有电气配线、电气测量、电动机拆装与检修、机床线路故障排除、电子线路安装制作等，实际操作考试时间约 4 个小时，两门各得 60 分以上为合格，80 分以上为良好。

电工作业资格证书是根据国家经贸委发布的《特种作业人员安全技术考核管理办法》，在全国推广使用的具有防伪功能的 IC 卡《中华人民共和国特种作业操作证》，是广大电气从业人员必须取得的"上岗证书"，由省市技术监督部门组织考核颁发。主要考试内容：电工安全操作知识、电气应知应会知识。该证每两年复审考核一次，通过考核培养广大电气从业人员的安全意识和防范意识，提高其操作水平，保证安全生产，更好地为企业和社会服务。

### 三、电气操作实训的基本要求

电工工艺主要讲的是电工安装工艺、电工检修工艺，是操作技术的规范和标准。目前，一些电气设备生产企业为了提高自身产品的市场竞争力，不断研发和提高产品质量，把生产的设备称作"电气工艺品"，这样对电工工艺的要求越来越高，同样对电气作业人员的技术水平要求也越来越严格。为此，职业技术院校电气、机电等专业开设电工工艺及实训课程是十分必要的。电气实训主要在校内实训中心、专业教室或实验室，校内校外实习基地、实习工厂及在电气安装现场进行。为了保证实训的安全正常进行，完成实训目标，在实训过程中应做到以下几点。

（1）认真听。实训教学一般是先讲后练，老师讲解的主要是实训的关键和要点，还有实际工作经验及注意事项，只有听明白了，干起来才能更顺手。

（2）仔细看。一看老师操作示范，老师示范一般要演示几次，一次没看清也不要着急，必要时可以请老师单独示范。二看老师板书，板书内容大多是老师的操作要领，或书本知识的概括总结，不仅要看明白，最好记在笔记本上。

（3）做好笔记。俗话说，"好记性不如烂笔头"，记好笔记便于复习记忆，是巩固提高的重要方法。

（4）反复思考。孔子说："学而不思则罔。""听""看""写"后还要经过大脑的反复思考，将相关内容的相互关系搞明白，以避免误解和蒙蔽。

（5）勇于动手。动手操作是进一步巩固理论知识，掌握技术技能的重要途径，只有勇于动手，乐于动手，才能把书本的、他人的知识变成自己的财富，立足的本领。

（6）操作有序。实训时每位学员首先要把自己的工具、器材摆放整齐，其次把拆卸的

工件按先后摆放有序，这样做有利于培养严谨的工作作风，良好的操作习惯。

（7）严肃守纪。动手操作特别是与"电"打交道是一个严肃的事情，不得马虎，要严格按照电气操作的工艺要求仔细作业，反复实践。实训现场不得随意离岗、串岗、喧哗、嬉戏。

（8）珍爱器材。电工实训的设备器材比较贵重，珍爱设备器材，爱护仪表工具，节约电线电料，是学员必备的素质。

（9）注重安全。安全是两方面的，一是人身安全，二是设备安全，只有注重安全，树立安全意识，才能防患于未然，保证实训顺利进行。

（10）工完场净。操作完毕，细心收拾清点工具材料，不要乱堆乱放，搞好设备及环境的清洁卫生，以保证设备的完好率和利用率。

### 四、电气安全常识

电有"电老虎"之称，对从事电气操作的人员来说，除了有一定技能，还应懂得电气作业的人身安全常识、电气消防常识、触电急救常识。

**（一）人身安全常识**

（1）电气从业人员要精神正常、身体健康。凡患有高血压、心脏病、神经系统疾病、听力障碍、色盲等均不能从事电工工作。

（2）电气安装时，严格遵守安全操作规程和有关规定，不可抱有侥幸心理，要穿工作服、工作鞋，使用单梯不可太陡或太坡，人字梯中间要有拉绳。

（3）电气维修时注意拉闸停电，验电后先用手背触及电气部分，确保"万无一失"。

（4）注意操作场所周围环境状况，邻近带电体工作时要保证有可靠的安全距离。

（5）切实做好防止突然送电的各项安全措施，如短路接地、锁上刀闸、悬挂警告牌等。

（6）高空作业时要系牢安全绳，材料工具要放好，以防坠落，并严禁抛掷。恶劣天气（风力6级以上）不得进行高空作业。

**（二）电气消防常识**

资料统计表明，30%的火灾是由电气隐患引起的。电在生产、传输、变换、分配和使用过程中，由于线路短路、触点发热、电刷打火、过载运行、绝缘老化、使用不当等原因，都有可能引起火灾。电气从业人员要掌握必要的消防知识，以便在发生火灾时能正确地使用灭火器材，指导和组织人员迅速灭火。

（1）在扑灭电气火灾的过程中，应注意防止触电，注意防止充油设备爆炸。

（2）如果火灾现场尚未停电，应迅速切断电源，如拉闸、断线等。断线时应错开不同相线的位置，分别切断。

（3）不能用泡沫灭火器带电灭火，带电灭火应采用干粉、二氧化碳、1211等灭火器材。

（4）人及所持灭火器材与带电体之间保持安全距离。如10kV不得小于0.4m，用水枪带电灭火时，宜采用喷雾水枪，喷嘴要接地。

（5）对架空线路等空中设备灭火时，人与带电体之间的仰角不应超过45°，以防止落物危及人身安全。

(6) 充油设备外部灭火时,可用干粉灭火器灭火,内部着火时,除应及时切断电源外,应将油放进储油槽,用喷雾水枪、泡沫灭火器灭火,电缆沟的油可用泡沫灭火。

总之,对电气火灾要贯彻"预防为主"的原则,防患于未然。一旦火灾发生,不要惊慌失措,要迅速报警,使用合理的灭火器材,奋力扑救。

**(三)触电急救常识**

人体发生触电后极易出现心跳和呼吸骤停现象。心肺复苏(Cardio Pulmonary Resuscitation,CPR),是针对骤停的心跳和呼吸采取的救命技术。心脏骤停发生后,全身重要器官将发生缺血缺氧,特别是脑血流的突然中断,在10s左右患者即可出现意识丧失,4~6min脑循环持续缺氧开始引起脑组织的损伤,而超过10min将发生不可逆的脑损害。CPR成功率与开始抢救的时间密切相关。从理论上来说,心源性猝死者每分钟大约10%的正相关性:心搏骤停1min内实施CPR,成功率大于90%;心搏骤停4min内实施CPR,成功率约60%;心搏骤停6min内实施CPR,成功率约40%;心搏骤停8min实施CPR,成功率约20%,且侥幸存活者可能已脑死亡;心搏骤停10min实施CPR,成功率几乎为0。CPR白金时间为1min内,黄金时间为4min内,白银时间为4~8min,8~10min后为白布单时间。因此,时间就是生命。

当发现有人触电时,施救大约分为4个步骤:使触电者迅速脱离电源;迅速判断患者受伤害程度;拨打急救电话;现场施救。其中,使触电者迅速脱离电源,是急救的关键环节。切断电源要根据具体情况采取不同的方法:当急救者离开关较近,应迅速拉下开关;当距离较远时,可用干燥的木棒、竹竿将电线挑开,也可用绝缘手钳切断导线;当触电者在高空发生触电时,要考虑正确的降落方法,避免摔伤。当触电者脱离电源后,应立即将其置于通风干燥的地方平躺,松开衣裤,在10s内检查其瞳孔、呼吸、心跳与知觉情况,初步了解其伤害情况。

对轻微伤害者,应给予关心、安慰、适当休息;对失去知觉、心跳呼吸微弱或完全停止者,应立即开展现场施救。施救者不要紧张、害羞,方法要正确,力度要适中,争分夺秒耐心救治。心肺复苏的3个关键步骤(CAB)为:C为胸外按压;A为开放气道;B为人工呼吸。

**1. 胸外按压法操作要领**

胸外按压法如图0-1所示。

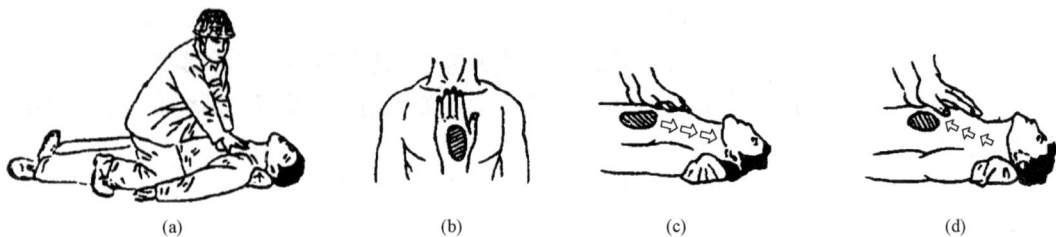

图0-1 胸外按压法

(a)急救者跪骑位置;(b)手掌压胸位置;(c)挤压方法示意;(d)放松方法示意

(1)按压部位,用中食二指沿肋骨向中移滑,在两侧肋骨交点处寻找胸骨下切迹(心口窝上），切迹上方两指处（两乳头正中间）为按压点。

（2）施救者跪骑在触电者身上，两手重叠，手指交叉，用掌根垂直平稳按压，深度大于 5cm，频率大于 100 次/min。

（3）放松时手不要离开按压点，以免错位，放松要充分松弛，使血液回流畅通。

2. 开放气道操作要领

仰头提颏法：用一只手的掌外侧按住患者的前额，另一只手提起患者的下巴颏，保持其呼吸道畅通。如果患者口腔内有异物，应采用头偏向一侧体位，用食指将异物取出。

3. 口对口（或鼻）人工呼吸操作要领

人工呼吸法如图 0-2 所示。

（1）施救者跪趴在患者头部一侧，用按在前额一手的拇指与食指捏住伤员鼻子（以防漏气），另一手扳住下巴使伤员的口张开。

（2）深吸一口气，用自己的嘴唇包住伤员张开的嘴吹气（约 60mL）先吹两口，观察胸廓是否隆起。如果未见明显胸廓隆起，应重新开放气道再做人工呼吸。

（3）每次吹气持续 1～1.5s，一次吹气完毕立即与伤员脱离并松开鼻子，使鼻孔通气（约 2s），并观察伤员胸部向下恢复时，有气流从口腔排出，如此反复进行每分钟约 12 次，如图 0-2 所示。

图 0-2　人工呼吸法
(a) 触电者平卧姿势；(b) 急救者吹气方法；(c) 触电者呼气状态

（4）如果伤员牙关紧闭，下颌骨骨折及嘴唇外伤，难以采用口对口吹气时，用口对鼻吹气，方法同上。

4. 注意心脏按压必须同时配合人工呼吸

如果单人抢救时每按压 15 次吹气 2 次；若双人抢救时，每挤压 5 次吹气 1 次，一人吹气，一人挤压，吹气应在胸外按压的松弛时间内完成，如此反复交错进行。每 5 个循环后重新评估。

5. CPR 终止条件

（1）患者已经恢复自主呼吸和心跳。

（2）有专业医务人员接替抢救。

（3）医务人员确定患者已经死亡。

## 实训内容及要求

1. 参观认识灭火器材，进行灭火演习。

要求根据不同电气设备的火情，正确采取不同的灭火器材，进行灭火。

2. 在实验室对模拟人进行心肺复苏练习。

要求比较熟练地掌握心肺复苏方法的操作要领。

# 模块一
# 常用电工工具与电工材料

有人说电工是"玩钳子"的，能否熟练地玩好电工工具反映出技术水平的高低。也有人说电工是"玩电线"的，电工材料主要有两大类，一是导电材料，二是绝缘材料。了解这两类材料的种类、型号、规格并正确选择使用是电工的基本能力。

## 知识目标

了解电工工具的种类及作用；了解导电材料的种类及选择；了解绝缘材料的种类及使用。

## 能力目标

掌握电工工具的正确使用和保养方法；掌握电动工具的正确使用和保养方法。

## 器材准备

常用电工工具、电工材料。

## 分块一 常用电工工具

古人云："工欲善其事，必先利其器"，是讲工具的重要性。电工操作离不开工具，工具质量不好或使用方法不当，会直接影响操作质量和工作效率，甚至会造成生产事故。正确地使用和保养工具对提高工作效率和安全生产具有重要意义。学习电工工具，我们应熟悉掌握工具的名称、用途、结构、型号规格、握法和注意事项等。

### 一、常用工具

#### （一）验电器

验电器又叫电压指示器，是用来检查导线和电器设备是否有电的工具，分为高压和低压两种。

##### 1. 低压验电器

低压验电器又称电笔，有螺丝刀式 [见图 1-1 （a）] 和钢笔式 [见图 1-1 （b）]，它们由氖管、电阻、弹簧和笔身等组成。

使用方法及注意事项如下。

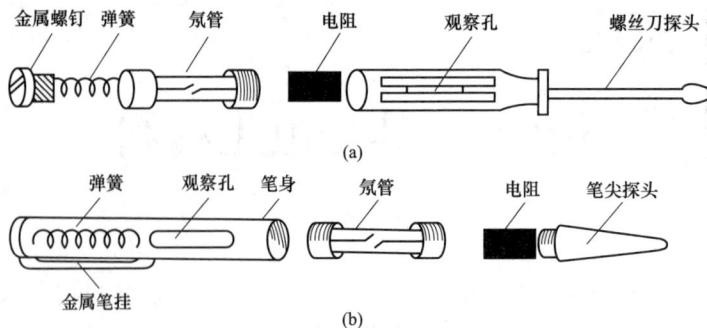

图 1-1 低压验电器

(a) 螺丝刀式；(b) 钢笔式

（1）测量前检查电笔结构是否完整，是否有损伤。

（2）测量前识读电笔手柄上标注的测量范围，确保未超范围测量。

（3）初次使用或不能确定好用的电笔测量前应在确认有电的地方试测。

（4）测量时手指触及尾部金属部分（笔挂或螺母）形成感应的通电回路，不要挡住氖管以便观察结果。

（5）使用时注意避光，以防误判。

（6）被测带电体相间、相地之间距离较小时要注意避免因测量造成短路与接地。

不同电笔的检测电压范围也有区别，低压电笔的测量范围一般为 $100\sim1000V$。氖光管两极发光是交流电，一极发光是直流电，发光极为负极。握法如图 1-2 所示。

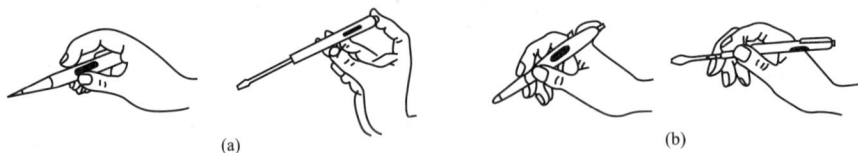

图 1-2 低压验电器握法

(a) 为正确握法；(b) 错误握法

2. 高压验电器

高压验电器用于测量1000V以上电压的器具，结构如图 1-3 所示。

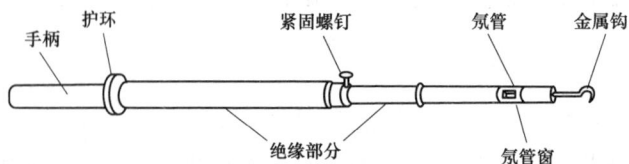

图 1-3 高压验电器

使用高压验电器时，必须戴绝缘手套，手握部分不得超过保护环，人体与带电体要保持一定的安全距离（当带电体电压为 10 kV 时，安全距离应在 0.7m 以上）。在木质电杆或扶梯上测试时，要装接地线。新式的验电器具有发光、发声和转轮三种显示功能，以防误判。

### （二）螺丝刀

螺丝刀（见图 1-4）又叫改锥或起子，是用来紧固或拆卸螺钉的工具，一般分为"一"字形和"十"字形两种。

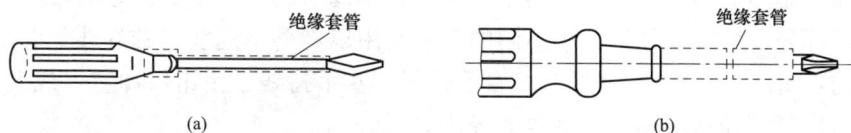

图 1-4　螺丝刀
(a)"一"字形螺丝刀；(b)"十"字形螺丝刀

电工用的螺丝刀必须有绝缘手柄，按材质不同常见的有橡胶、塑料、木头等。其他工种可选用通心螺丝刀。

规范的螺丝刀往往将型号与规格标注在手柄上，以方便进行选用。螺丝刀的规格主要包含金属杆直径与长度两个要素，单位用 mm 表示。如一把螺丝刀手柄上标有"⊕5.0×100mm"字样，我们可以得到螺丝刀的信息：十字刀口、金属杆直径为 5.0mm、金属杆长度为 100mm。如另一把螺丝刀手柄上标有"⊖6-200"字样，其信息也就很明确了。

还有一种组合式螺丝刀，可更换不同形状和规格的刀头，以便满足操作要求。使用螺丝刀时，要选用合适的规格，大或小都易损坏电气元件，螺丝刀木柄不可锤击，以防裂损。"一"字刀头弯曲或断裂可在砂轮上磨平再用。

### （三）钢丝钳

钢丝钳是一种夹持或紧固金属件，切断金属丝的工具。柄部套有绝缘套管（耐压500V）。其规格用其全长表示，单位为 mm，常用的有 150mm、175mm、200mm 三种。其构造及应用如图 1-5 所示。钳口用来弯绞或钳夹导线；齿口用来紧固或松动螺母；刀口用来剪切导线或剖削导线绝缘层。使用钢丝钳之前，须查看其柄部绝缘套管是否完好，以防触电。钢丝钳一般不要当榔头使用，以免钳轴弯曲使用不灵活，若钳子生锈，可点几滴机油反复活动手柄使其活络。

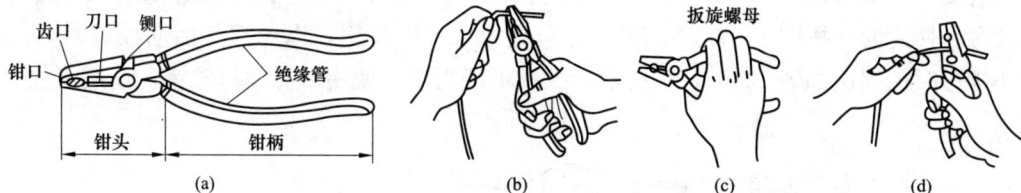

图 1-5　钢丝钳的构造及应用
(a)构造；(b)弯绞导线；(c)紧固螺母；(d)剪切导线

### （四）尖嘴钳及断线钳

尖嘴钳［见图 1-6（a）］的头部"尖细"，适用于在狭小的工作空间操作，夹持较小的螺钉、垫圈，导线及电气元件。在安装配线时，能将单股导线弯成眼圈（线鼻子）。尖嘴钳的规格以其全长的毫米数表示，有 130mm、160mm、180mm 等几种。柄部套有绝缘管，耐压 500V。

断线钳［见图 1-6 (b)］的头部"扁斜"，因此又叫斜口钳，是专供剪断线材及导线、电缆等用的。它的柄部有铁柄、管柄、绝缘柄，绝缘柄耐压为 500～1000V。

**（五）剥线钳**

剥线钳（见图 1-7）是用来剥落小直径导线绝缘层的专用工具。它的钳口分为切口和压线口两部分，切口又分为大小不同的口径，用以剥落不同线径的导线绝缘层。其柄部是绝缘的，耐压为 500V。剥线时，右手持钳，左手持线，使钳口冲左（或上），切口冲上（或右），掌握最舒服正确的握法，不要握反。

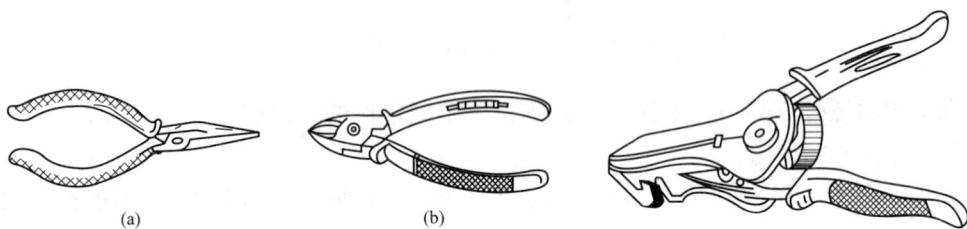

图 1-6 尖嘴钳和断线钳
(a) 尖嘴钳；(b) 断线钳

图 1-7 剥线钳

**（六）电工刀**

电工刀（见图 1-8）是用来剖切导线、电缆的绝缘层，削制木器的专用工具。使用前应先开刃（磨刀），用粗细两面的磨石，先粗磨后细磨，刀口正反两面磨，将

图 1-8 电工刀

刀刃磨成一条均匀的黑线。电工刀磨好后不可随意对人比划，以免伤人。使用时，电工刀的刀口应朝外剖削，以免伤手。剖削导线绝缘层时，刀面与导线成 30°角倾斜切入，以免割伤导线芯。

**（七）活扳手**

活扳手（见图 1-9）是用于紧固和松动螺母的一种专用工具。主要由活动扳唇、呆扳唇、扳口、蜗轮、轴销、手柄等构成，其规格以长度×最大开口宽度（mm）表示，常用的有 150×19 (6 英寸)、200×24 (8 英寸)、250×30 (10 英寸)、300×36 (12 英寸)等几种。使用时，按图 1-9 (b) 所示方向施力（不可反用，以免损坏活动扳唇）。扳动较小螺母时的握法如图 1-9 (c) 所示。扳手不能当榔头使用以免损弯轴销，使用不便。

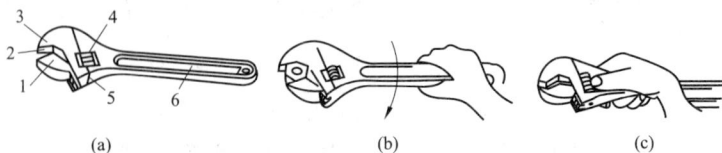

图 1-9 活扳手的结构及其使用
(a) 活扳手的结构；(b) 施力方向；(c) 扳动小螺母时的握法
1—活动扳唇；2—扳口；3—呆扳唇；4—蜗轮；5—轴销；6—手柄

**（八）绳扣**

麻绳是用来捆绑、拉紧、提吊物体的。常用的麻绳有亚麻绳和棕麻绳两种，质量以白棕绳为佳。钢丝绳广泛用于各种起重提升和牵引设备中，是由单根钢丝拧成小股，再将小股拧在一起而成的。

常用的几种绳扣，如图1-10所示。

（1）直扣：用于加长麻绳。

（2）猪蹄扣：在抱杆顶部等处绑绳时使用，也可在打包装时挂钩使用。

（3）抬扣：用于抬起重物，调整和解扣都比较方便。

（4）背扣：在杆上作业时，上下传递工具和材料。

（5）倒背扣：用于吊起、拖拉较长的物体，可防物体转动。

（6）钢丝绳扣：用于拖挂或起吊重物。

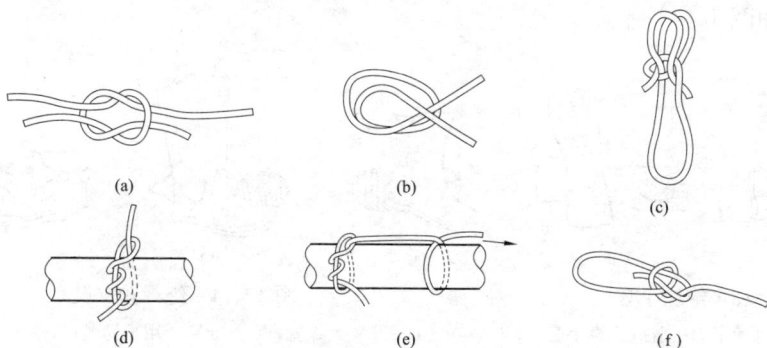

图1-10　绳扣

（a）直扣；（b）猪蹄扣；（c）抬扣；（d）背扣；（e）倒背扣；（f）钢丝绳扣；

## 二、绝缘工具

**（一）绝缘棒**

绝缘棒是一种电工安全操作用具，用来闭合或断开高压油开关、跌落式刀开关、跌落保险。由工作部分、绝缘部分和手柄部分组成（见图1-11）。由浸渍过绝缘漆的木材、硬塑料、玻璃钢等性能好的材料制成。一般有10kV和35kV之分。使用前应确定绝缘棒是否符合额定电压，是否在有效期内，有无损伤。操作时要戴绝缘手套穿绝缘靴等。

**（二）绝缘夹钳**

绝缘夹钳是一种安全操作用具，主要用于拆除熔断器等。绝缘夹钳由钳口、钳身、钳把组成，如图1-12所示，所用材料多为硬塑料或胶木。钳身、钳把由护环隔开，以限定手握部位，使用前，对绝缘夹钳应进行安全检查。使用时应配合辅助安全用具。

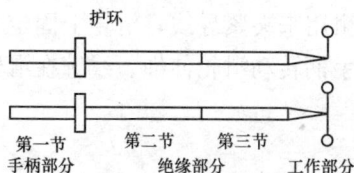

图1-11　绝缘棒

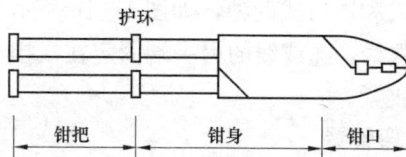

图1-12　绝缘夹钳

**（三）绝缘手套**

绝缘手套，使人的两手与带电体绝缘，避免触电的安全防护用具。采用绝缘性能好的橡胶或乳胶制成，规格有 5kV 和 12kV 两种。5kV 绝缘手套在电压 1kV 以下作业，用作辅助安全用具；在 250V 以下作业时可作为基本安全用具。12kV 绝缘手套在 1kV 以上作业时只能用作辅助安全防护用具；在 1kV 以下作业时可用作基本安全用具，如图 1-13 所示。

**（四）绝缘靴（鞋）**

绝缘靴（鞋）的作用是使人体与地面绝缘，是一种辅助安全用具。其规格有 20kV 绝缘短靴、6kV 矿用长筒靴和 5kV 绝缘鞋。20kV 绝缘靴在 1～200kV 高压区内可用作辅助安全用具。6kV 长筒靴适用于井下潮湿地带作业，在操作 380V 以下的电压电器设备时可作为辅助安全用具。5kV 绝缘鞋也称电工鞋，在 1kV 以下作为辅助安全用具，1kV 以上禁止使用，如图 1-14 所示。

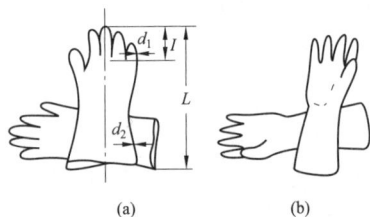

图 1-13　绝缘手套
（a）橡胶绝缘手套；（b）乳胶绝缘手套

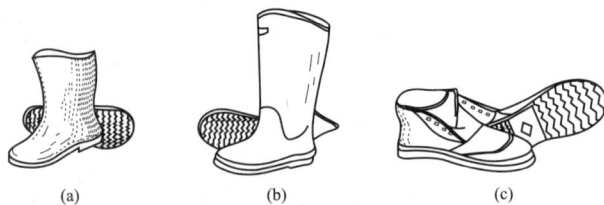

图 1-14　绝缘靴（鞋）
（a）20kV 绝缘靴；（b）6kV 矿用长筒靴；（c）5kV 绝缘鞋

## 三、安装工具

**（一）导线压接钳**

导线压接钳简称压线钳，是连接导线时将导线与连接管压接或导线与接线端子（线鼻子）压接在一起的专用工具，能较大地提高工作效率。分为手压钳和油压钳两类，如图 1-15 所示。

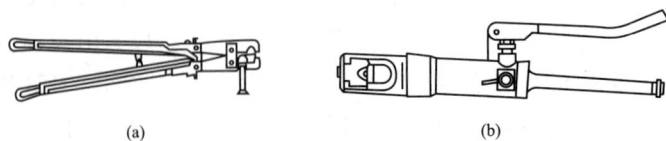

图 1-15　压接钳
（a）手压钳；（b）油压钳

**（二）紧线器**

紧线器是用来收紧架空导线的专用工具，由夹线钳、滑轮、收线器、摇柄等组成，分为平口式和虎口式两种，如图 1-16 所示。紧线钳用来夹紧导线，滑轮上固定有细钢丝绳或 8 号铁线，绳或线的另一端固定在横担上，用手柄转动滑轮使绳、线缠在滑轮上，导线随之被收紧。

**（三）弯管器**

弯管器是弯曲线管用的专用工具，由铁管柄和铸铁弯头组成，其外形和使用方法如图 1-17 所示。这种弯管器一般由电工自己设计焊接制作。

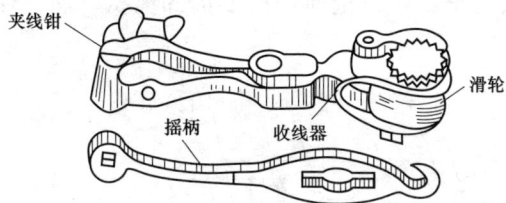

图 1-16 紧线器

图 1-17 弯管器

**（四）安全带**

安全带（见图 1-18）是腰带、保险绳和腰绳的总称，是用来防止安装施工人员发生空中坠落事故的。腰带系在腰部以下、臀部以上的部位。保险绳一端与腰带紧固连接，另一端用保险挂钩系在横担、抱箍上。也可以将腰绳两端固定在腰带上，中间套挂在杆子或横担上。

**（五）踏板和脚扣**

踏板又叫登高板，用于攀登电杆，由板、绳、钩组成，如图 1-19 所示。板由坚韧的木材制成，一般为 630mm×75mm×25mm。绳索是直径为 16 mm、长为 2.6～4m 的白棕绳或尼龙绳。使用时要检查是否完好无损，挂钩时必须正挂（钩口向上、向外），以免脱钩。

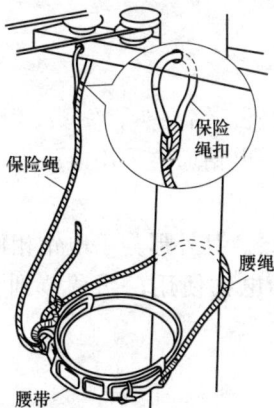

图 1-18 安全带

图 1-19 踏板

脚扣也是用来攀登电杆的工具，主要由弧形扣环、脚套组成，分为木杆脚扣和水泥杆脚扣两种，如图 1-20 所示。使用脚扣登杆时，要首先检查脚扣有无损坏，型号是否适合，并与安全带配合使用。

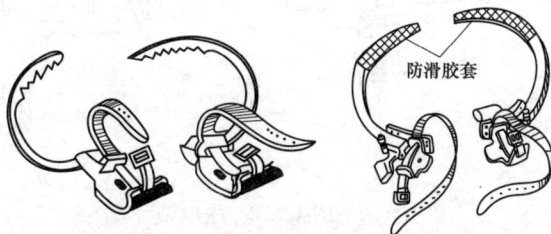

图 1-20 脚扣

**（六）射钉枪**

射钉枪是一种安装工具。用火药

爆炸产生的高压推力将射钉射入钢板、混凝土或砖墙内，起固定和悬挂作用。主要由器体、器弹两大部分构成，如图 1-21 所示。注意：射钉枪装上钉、弹后枪口严禁对人；作业面的后面不准有人；不得在大理石、铸铁等易碎物体上作业。若在弯曲状表面上（如线管、角钢等）作业，应加防护罩以保安全。射钉枪使用后要拆卸擦拭，加油保养，以防生锈。

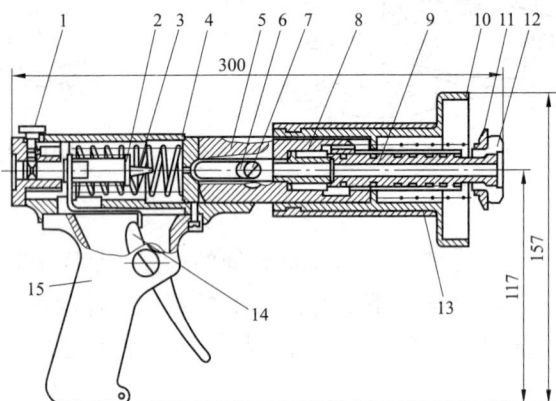

图 1-21　射钉枪构造示意图

1—按钮；2—撞针体；3—撞针；4—枪体；5—枪铳；6—轴闩；7—轴闩螺针；8—后枪管；
9—前枪管；10—坐标护罩；11—卡圈；12—垫圈夹；13—护套；14—扳机；15—枪柄

## 四、电动工具

### （一）手电钻

手电钻的作用是在工件上钻孔，主要由电动机、钻夹头、钻头、手柄等组成，分为手提式、手枪式两种，其外形如图 1-22 所示。手电钻通常采用电压为 220V。

### （二）冲击钻

冲击钻的主要作用是在墙壁或梁柱上冲打孔眼。其外形与手电钻相似，如图 1-23 所示。当把"锤"调节到"钻"的位置时，可作为电钻使用；当调节到"锤"的位置时，作为电锤使用。

图 1-22　手电钻

（a）手提式；（b）手枪式

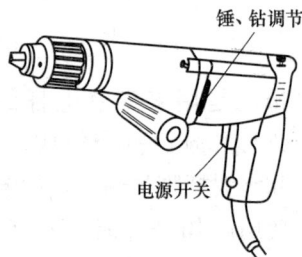

图 1-23　冲击钻

使用电钻、冲击钻等电工工具要注意检查电源线有无破损，以防漏电；最好不要带线手套，以防金属屑挂住伤手。

# 分块二 常用导电材料

导电材料的用途是传输电流。一般分为良导体材料和高电阻材料两类。

常用良导体材料有铜、铝、钢、钨、锡等。其中，铜、铝、钢主要用于制作各种导线或母线；钨的熔点较高，主要用于制作灯丝；锡的熔点低，主要用作导线的接头焊料和熔丝（保险丝）。

常用高电阻材料有康铜、锰铜、镍铬和铁铬铝等，主要用作电阻器和热工仪表的电阻元件。

## 一、导线

导线又叫电线，常用的导线可分为绝缘导线和裸导线两类。导线的线芯要求导电性能好、机械强度大、质地均匀，表面光滑、无裂纹，耐蚀性好。导线的绝缘包皮要求绝缘性能好，质地柔韧且具有相当的机械强度，能耐酸、油、臭氧的侵蚀。

### （一）裸导线

裸导线是指没有绝缘包皮的导线，一般分为铜绞线、铝绞线、钢绞线，是由多根单线绞合在一起的。铝绞线又分为带钢芯和不带钢芯的，带钢芯的又有单芯和双芯之分。铜绞线一般用在低压架空线，铝绞线一般用在高压架空线，钢绞线一般用在高压架空线的屏蔽线（避雷线）及电杆拉线。裸导线的材料、形状常用符号表示：铜用字母"T"表示；铝用"L"表示；钢用"G"表示；硬型材料用"Y"表示；软型用"R"表示；绞合线用"J"表示；截面用数字表示。例如，LJ - 35 表示截面为 35mm$^2$ 的铝绞线。LGJ - 50/8 表示截面为 50mm$^2$ 的钢芯铝绞线（50 是指总截面，8 是指钢芯截面）。绞线的型号及作用见表 1 - 1。

表 1 - 1　　　　　　　　　　　　绞线的型号及作用

| 型号 | 名称 | 结构 | 主要用途 |
|------|------|------|----------|
| LJ | 硬铝绞线 | | 低压及高压加空输电用 |
| LGJ | 钢芯铝绞线 | | 需要提高拉力强度的架空输电用 |
| TJ | 硬铜绞线 | | 低压及高压架空输电用 |

### （二）绝缘导线

1. 绝缘导线的结构和型号

绝缘导线是指具有绝缘包层的电线。绝缘导线按其芯线材料分为铜芯和铝芯；按股数分为单股和多股；按线芯分为单芯、双芯、三芯、四芯、五芯和多芯；按绝缘分为橡皮（X）绝缘和塑料（V）绝缘。

型号：例如，BV-1.5，表示截面为 $1.5mm^2$ 的塑料铜芯线；BVVR-3×2.5，表示三芯截面为 $2.5mm^2$ 的铜芯塑料软护套线。BLV-6 表示截面为 $6mm^2$ 的铝芯塑料线。

2. 橡皮绝缘导线

橡皮绝缘导线是由橡皮做绝缘层再包一层棉纱或玻璃纤维做保护层的导线。单股用作室内敷设，多股多用于低压架空线。由于塑料绝缘线的优势与推广，橡皮绝缘线基本被取代。

3. 塑料绝缘导线

塑料绝缘导线用聚氯乙烯作绝缘包层，又称塑料线，具有耐油、耐酸、耐腐蚀、防潮、防霉等特点，常用作 500V 以下室内照明线路，也可直接敷设在空心板或墙壁上。

各种导线如图 1-24 所示。常用绝缘导线在常温下的参考载流量见表 1-2。

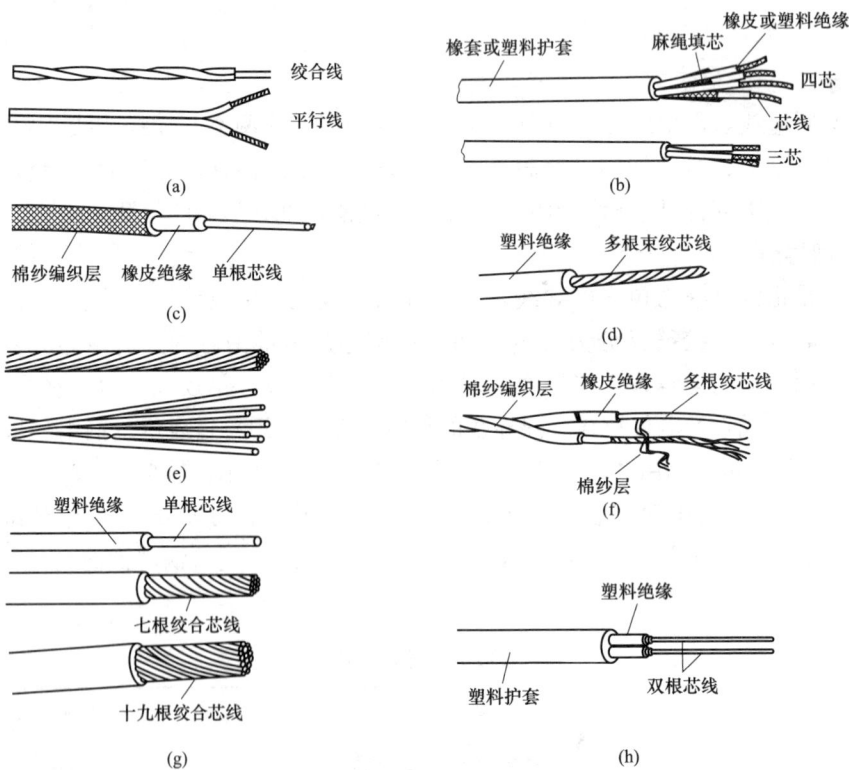

图 1-24　各种导线

（a）绝缘双根平行（绞合）软线；（b）橡套软线；（c）铜（铝）心橡皮线；（d）绝缘铜（铝）软线；
（e）裸铝绞线、钢心铝绞线；（f）花线；（g）绝缘铜（铝）芯线；（h）绝缘和护套铜（铝）心双根或三根护套线

表 1-2　　　　　常用绝缘导线在常温下的参考载流量

| 线芯截面积 | 橡皮绝缘电线安全载流量（A） | | 聚氯乙烯绝缘电线安全载流量（A） | |
| --- | --- | --- | --- | --- |
| | 铜芯 | 铝芯 | 铜芯 | 铝芯 |
| 0.75 | 18 | — | 16 | — |
| 1.0 | 21 | — | 19 | — |
| 1.5 | 27 | 19 | 24 | 18 |

续表

| 线芯截面积 | 橡皮绝缘电线安全载流量（A） | | 聚氯乙烯绝缘电线安全载流量（A） | |
| --- | --- | --- | --- | --- |
| | 铜芯 | 铝芯 | 铜芯 | 铝芯 |
| 2.5 | 33 | 27 | 32 | 25 |
| 4 | 45 | 35 | 42 | 32 |
| 6 | 58 | 45 | 55 | 42 |
| 10 | 85 | 65 | 75 | 59 |
| 16 | 110 | 85 | 105 | 80 |

## 二、母线

母线（汇流排）简称铜排、铝排，是用来汇集和分配电流的导体。有硬母线和软母线之分。软母线用在 35kV 以上的高压配电装置中，硬母线用在高低压开关柜和变电站、开关站的设备连接中。

硬母线用铜、铝材料做成，其形状有管形、矩形、槽形。矩形母线规格按宽厚有 $25×4、25×5、40×4、40×5、……、125×8、125×10$ 等。为了便于识别线序防止腐蚀，母线要进行涂漆，黄、绿、红三色分别代表 L1、L2、L3 三相。硬母线造型有立弯、折弯（波弯）、平弯、扭弯。母线固定安装的螺栓处要挂锡或者涂银以防氧化。为加强绝缘有的要套冷、热缩管。

## 三、电缆

电缆是一种多芯导线，其线芯互相绝缘，外加各种护套保护层的导线。种类有电力电缆、控制电缆、通信电缆、光纤电缆。

电力电缆是传输电能的载体。以前有油浸纸绝缘、橡胶绝缘，现在基本被全塑电缆代替。全塑电缆有单芯、两芯、三芯、四芯和五芯，材质有铜芯和铝芯。其型号组成及含义见表 1-3。结构如图 1-25 所示。

表 1-3　　　　　　　　　　　　电缆型号组成及含义

| 型号组成 | 绝缘代号 | 导体代号 | 内护层代号 | 派生代号 | 外护层代号 |
| --- | --- | --- | --- | --- | --- |
| 代号含义 | Z——纸绝缘<br>X——橡皮绝缘<br>V——聚氯乙烯绝缘<br>YZ——交联聚乙烯绝缘 | T——铜芯<br>L——铝芯 | H——橡套<br>Q——铅包<br>L——铝包<br>V——聚氯乙烯护套 | P——干绝缘<br>D——不滴流<br>F——分相铅包 | 1——麻被护层<br>1——钢带铠装麻被护层<br>1——细钢丝铠装麻被护层<br>5——粗钢丝铠装<br>11——防腐护层<br>11——钢带铠装有防腐层<br>20——裸钢带铠装<br>30——裸细钢丝铠装<br>120——裸钢带铠装有防腐层 |

控制电缆用在配电装置中，连接电气仪表、继电保护和自动控制回路，起传导操作电流的作用。其结构比较简单，只是线芯较多，一般运行在交流 500V、直流 1kV 以下。

光纤电缆是由玻璃或透明聚合物构成的波导纤维作缆芯，加涂覆包层和外套保护层构成。主要用在通信、自动化网络工程中，传递通信和网络信号。

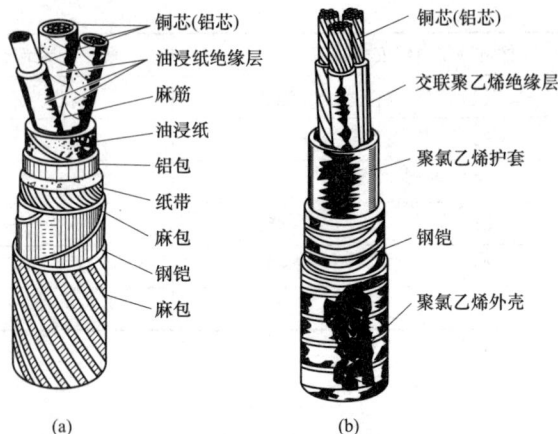

图 1-25　电缆结构

(a) 油浸纸绝缘电力电缆；(b) 交联聚乙烯绝缘电力电缆

**四、熔体**

熔体是一种保护性导电材料。将熔体串联在电路中，由于电流的热效应，在正常情况下熔体虽然发热，但不会熔断。当发生过载或短路导致电流增大时，就会使熔体温度急剧上升而熔断，切断电路，从而起到保护电气设备的作用。制造熔体的材料有两类：一类是低熔点材料，如铅、锡、锌及其合金（宜于小电流使用）；另一类是高熔点材料，如银、铜等（大电流情况下使用）。熔体一般做成丝状（又叫保险丝）或片状，是各种熔断器的核心组成部分。

# 分块三　常用绝缘材料

绝缘材料又称电介质，是一种相对的不导电物质。主要作用是把带电部分与不带电部分分开；把电位不同的导体相互隔开。

## 一、绝缘材料的分类及耐热温度等级

按化学性质绝缘材料可分为无机绝缘材料（如云母、石棉、大理石、瓷器、玻璃、硫黄等），有机绝缘材料（如树脂、橡胶、棉纱、纸、麻、丝、漆、塑料等）和混合绝缘材料（由以上两种材料经加工制成的各种成型绝缘材料）。

常用绝缘材料按其在正常运行条件下允许的最高工作温度分为 7 个耐热等级（见表 1-4）。

表 1-4　　　　　　　　　　　绝缘材料的耐热等级

| 级别 | 绝缘材料 | 极限工作温度（℃） |
|------|----------|------------------|
| Y | 纯有机材料，如棉、麻、丝、纸、木材、塑料等 | 90 |
| A | 有机材料的化学处理，如黑胶布、沥青漆等 | 105 |
| E | 有机材料的化学处理，成为复合材料，如高强度漆包线等 | 120 |
| B | 无机材料的化学处理，如聚酯漆、聚酯漆包线等 | 130 |

| 级别 | 绝缘材料 | 极限工作温度（℃） |
|---|---|---|
| F | 无机材料和有机材料混合高温高压，如层压制品、云母制品等 | 155 |
| H | 无机材料的化学补强处理，如复合云母、硅有机漆等 | 180 |
| C | 纯无机材料，如石英、石棉、云母、电瓷、玻璃等 | 180 以上 |

## 二、电工漆和电工胶

电工漆主要分为浸渍漆和覆盖漆。浸渍漆主要用来浸渍电气线圈和绝缘零部件，填充间隙和气孔，以提高绝缘性能和机械强度。覆盖漆主要用来涂刷经浸渍处理过的线圈和绝缘零部件，形成绝缘保护层，以防机械损伤和气体、油类、化学药品等的侵蚀。

电工胶有电缆胶和环氧树脂胶。电缆胶由石油沥青、变压器油、松香脂等原料按一定比例配制而成，可用来灌注电缆接头、电器开关及绝缘零部件。环氧树脂胶低分子量的用来浇注绝缘使用，中分子量的制造高强度的黏合剂，高分子量的用来调制各种漆。

## 三、塑料

塑料是由天然树脂或合成树脂、填充剂、增塑剂、着色剂、固化剂和少量添加剂配制而成的绝缘材料。其特点是比重小，机械强度高，介电性能好，耐热、耐腐蚀、易加工。塑料可分为热固性塑料和热塑性塑料两类。

热固性塑料主要用来制作低压电器、电表的外壳及零部件。热塑性塑料主要用来制作各种电线、电缆的绝缘层，也可以作成管材。

## 四、橡胶橡皮

橡胶分为天然橡胶和人工合成橡胶。天然橡胶是橡胶树干中分泌出的乳汁经加工而制成的，其可塑性、工艺加工性好、机械强度高，但耐热、耐油性差，硫化后可做成各类电线、电缆的绝缘层及电器的零部件等。合成橡胶是碳氢化合物的合成物，可制作橡皮和电缆的防护层及导线的绝缘层等。

橡皮是由橡胶经硫化处理而制成的，分为硬质橡皮和软质橡皮两类。硬质橡皮主要用来制作绝缘零部件及密封剂和衬垫等。软质橡皮主要用于制作电缆和导线绝缘层、橡皮包布和安全保护用具等。

## 五、绝缘布（带）和层压制品

绝缘布（带）主要用于在导线电缆连接处的绝缘包扎。

层压制品是由天然或合成纤维、纸或布浸（涂）胶后，经热压而成，常制成板、管、棒等形状，以供制作绝缘零部件和用作带电体之间或带电体与非带电体之间的绝缘层，其特点是介电性能好，机械强度高。

## 六、电瓷

电瓷是用各种硅酸盐或氧化物的混合物制成的，其性质稳定，机械强度高、绝缘性能好、耐热性能好。主要用于制作各种绝缘子、绝缘套管、灯座、开关、插座、熔断器零部件等。

**（一）低压绝缘子**

低压绝缘子用于绝缘和固定 1kV 及以下的线路导线。分为低压针式绝缘子、蝶式绝缘子、柱式绝缘子和拉线绝缘子，如图 1 - 26 所示。

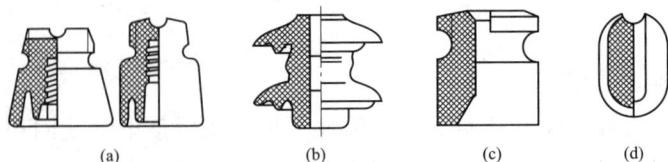

图 1 - 26　低压绝缘子

（a）针式绝缘子；（b）蝶式绝缘子；（c）柱式绝缘子；（d）拉线绝缘子

**（二）高压绝缘子**

高压绝缘子用于绝缘和支持高压架空线路。高压绝缘子分为针式绝缘子、蝶式绝缘子、悬式绝缘子和拉线绝缘子。如图 1 - 27 所示。

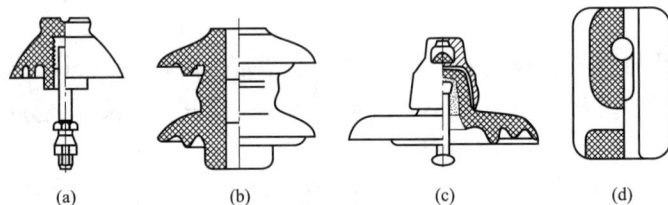

图 1 - 27　高压绝缘子

（a）针式绝缘子；（b）蝶式绝缘子；（c）悬式绝缘子；（d）拉线绝缘子

### 实训内容及要求

1. 各种电工钳子的保养。

要求：加几滴机油反复活动钳柄，使其灵活自如。

2. 电工刀开刃。

要求：先在磨石粗面反复磨，再在细面磨使其锋利。

3. 打绳扣。

要求：熟练掌握几种绳扣的打法和使用场所。

4. 用脚扣进行登杆练习。

要求：登杆时要配有安全带（绳），初学者一般不要超过 3m。

## 分块四　导线的剥切、连接、挂锡、包扎

室内配线除线槽、线管内不允许有接头外，其他地方难免有接头，导线的接头前如果是绝缘导线应先剥去绝缘皮层，清除氧化物后，再进行连接。

### 一、绝缘导线的剥切

绝缘导线的剥切一是剥削绝缘皮层，二是断切导线。绝缘导线如果线较细，可用钳子直接剥除绝缘皮层，方法是右手握住钳头自然合拢，被夹持的导线从食、中指间伸出，用左手拉线即可剥除。若导线较粗，则要用电工刀剥削，剥削时先用刀口绕导线一周，再斜45°切入导线，刀口朝外推切，以防伤手。较粗导线断切时，右手握钳，钳刃夹持导线放在大腿根上，脚跟抬起，左手扳持导线，右手压钳左手向上扳线使导线切断。

如果导线是铅包绝缘导线，应将导线置于硬物表面，用电工刀在铅包上绕一周，然后上下扳动导线使铅层断裂，把铅皮拉下。当切除内皮层时注意不要伤及导线（见图1-28）。

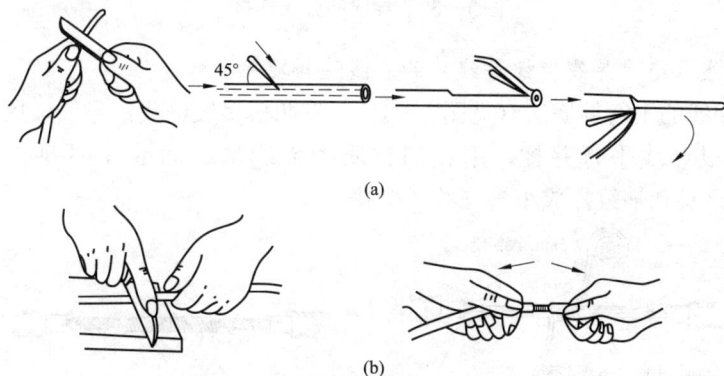

(a)

(b)

图1-28 绝缘导线的剥切
(a) 剥绝缘导线皮层；(b) 剥铅包导线

### 二、导线的连接

导线连接分为直线连接（"一"字）和分支连接（"T"字），直线连接的目的是加长导线，分支连接的目的是在干线上引出分支另接电器。两种连接形式又因单股和多股导线连接的方法而不相同。

1. 单股导线的直线连接要领

（1）两线头各剥去绝缘皮层30～40mm。

（2）两线头十字交叉拧1～3个"X"。

（3）两线头分别紧密缠绕3～5圈，剪去余头，并压紧毛刺。

（4）两线头缠好后距绝缘层约5mm，这样易于包扎绝缘（见图1-29）。

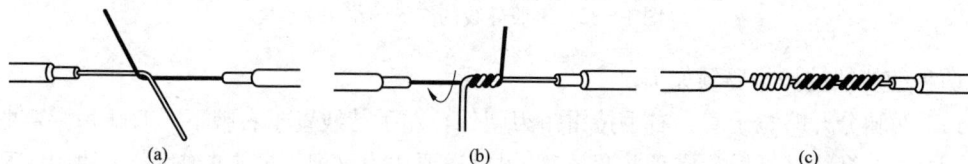

(a)　　　　　　(b)　　　　　　(c)

图1-29 导线的直线连接
(a) 两线头十字交叉拧"X"；(b) 拧1～3个"X"；(c) 分别缠绕3～5圈距绝缘层5mm

2. 单股导线的分支连接要领

（1）干线剥去皮层 15～30mm，支线剥去皮层 30～50mm。

（2）支线在干线上打一个大钩，承受拉力，然后在干线上紧密缠绕 3～5 圈。

（3）剪去余头，压紧毛刺，连好的支线距干线绝缘层左右不要超过 5mm（见图 1-30）。

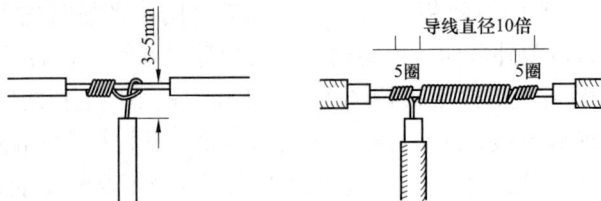

图 1-30 导线的分支连接

3. 多股导线（绝缘导线、裸导线）的直线连接要领

（1）多股导线的平行缠绕法（见图 1-31）。将两根多股铜或铝导线，用砂纸打磨去掉氧化物，将两根导线平行并拢，用相同材质的绑线从中间或一端缠绕，缠绕 150～200mm，剪去余头和辅线拧成小辫（约 3 个花）。

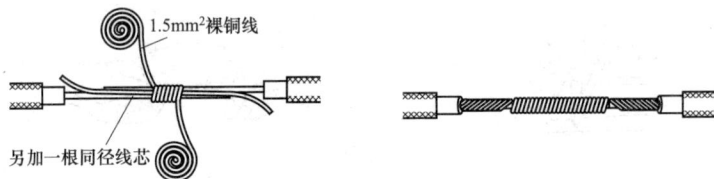

图 1-31 多股导线的平行缠绕法

（2）多股导线的交叉缠绕法（见图 1-32）。将两根导线去氧化物，拉直并分开成伞骨状，把伞骨状的线头隔开对插，再并拢捏平。在并拢线的中间扳起一根线芯，按顺时针方向缠绕 3～5 圈，再扳起一根线芯并与前根十字交叉，压平剪去前根的余头，继续缠绕，如此方法缠绕的最后一根线芯，剪去余头拧成小辫。

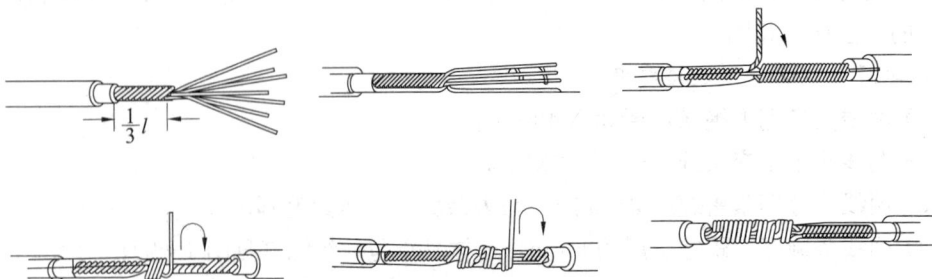

图 1-32 多股导线的交叉缠绕法

两种缠绕法的操作要领如下。

（1）两腿分开略宽于肩，右手持钳钳刃朝外，左手持线置于右腋下，双腿稍微弯曲。

（2）放好绑线（绑线盘成盘并弯环），钳口送要用力（但不要夹断绑线），钳眼带要猛力（猛带绑线盘）。

（3）钳子与导线垂直并贴紧导线，以导线为轴心"送"与"带"，如此缠绕 150～200mm（直线连接），最后绑线与辅线拧成小辫，剪去余头砸平小辫。

### 4. 多股导线的分支连接

先剥去干线绝缘皮层约 300mm，支线 500mm，将支线分成两组（七根的导线一组三根，一组四根）叉套在干线上，将两组支线分别紧密缠绕在干线上并压紧线头毛刺（见图 1-33）。

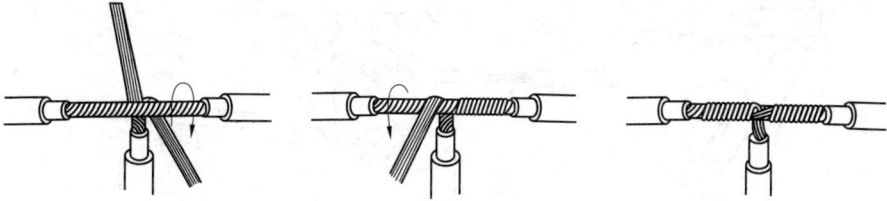

图 1-33 多股导线的分支连接

### 5. 导线的压接

为了提高工作效率，多股导线直线连接时常用压线管压接，铜绞线用铜管，铝绞线用铝管。将两线头去氧化层后，并行套上压线管，用压线钳压紧即可（见图 1-34）。当导线与电气设备连接时又分为螺钉压接、螺栓压接和瓦楞板压接。螺钉压接时单股导线应打"实回头"，以增加接触面积保证压紧；螺栓压紧时单股导线要弯"眼圈"。"眼圈"要圆，不能半环、三角环，并顺时针安装；瓦楞板压接时，单股线应打"空回头"，目的也是增加接触面积保证连接质量（见图 1-35）。

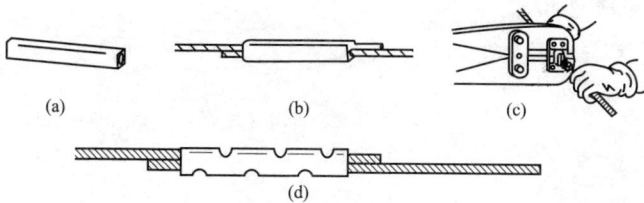

图 1-34 线管压接
(a) 压接管；(b) 穿入压接管；(c) 压接；(d) 压接后的导线

图 1-35 单股导线压接前的处理
(a) 实回头；(b) 空回头；(c) 眼圈

## 三、导线的挂锡

铜导线连接之后，为了防止接头氧化，保证良好的接触，还需要用电烙铁挂锡、锡锅蘸锡、锡锅浇锡（见图 1-36）。

无论哪种挂锡方法，导线都要清除氧化物并加焊剂（焊膏、松香、稀酸），电烙铁使用前要检查电源线有无破损、漏电。烙铁头要放在金属支架上。蘸锡、浇锡时要戴手套，防止锡爆烫伤。

随着技术的进步，大型导线如汇流排已采取静电涂银新工艺，不但提高了工作效率而且保证了工艺质量，可减少不安全因素。

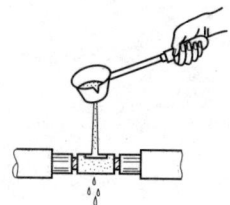

图 1-36 导线挂锡

## 四、绝缘的包扎

导线接头处理好后，绝缘导线要恢复绝缘。其方法可以套树脂纤维管或塑料绝缘套管，也可以套冷缩管、热缩管。如果用胶带缠绕包扎，其方法是从绝缘处一带宽（15～

20mm）起头，斜 45°，压 1/2，拉紧往返缠绕一次，共 4 层。若室外还要包防水胶带，方法同上。导线垂直时注意裙口朝下，以防渗水影响绝缘（见图 1 - 37）。

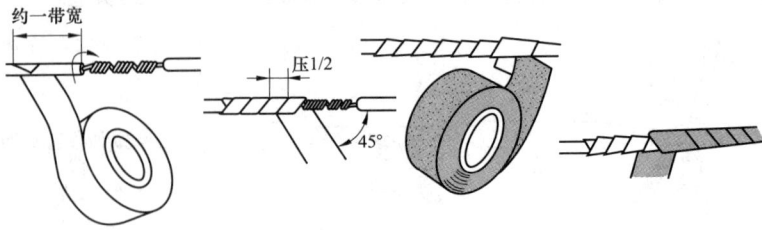

图 1 - 37　绝缘带包扎

## 📏 实训内容及要求

导线的剥切、连接、焊接及包扎练习。

要求：

（1）按接线工艺进行单股导线的直线连接和分支连接并进行挂锡。

（2）对单股线和多股线进行平行缠绕法连接。

（3）按接线要领对多股线进行交叉缠绕法连接。

（4）对连接好的绝缘导线进行绝缘包扎。

# 模块二
# 室内电气线路安装

　　室内配线是给建筑物的用电器具、动力设备安装供配电线路，有单相照明线路和三相四线制的动力线路。室内配线又分明装和暗装，在掌握室内强电配线的同时，电气施工人员还应具备一些弱电施工技术。室内电气线路安装比较简单，是初、中级电工的基本能力。

**➡ 知识目标** ·····

　　了解室内配线的要求和形式。

**➡ 能力目标** ·····

　　掌握室内配线工艺和灯具安装方法；掌握配电箱的安装工艺。

**➡ 器材准备** ·····

　　电工工具、导线、高低压绝缘子、白炽灯、日光灯、圆塑料台、扳把开关、插座、单相电能表、三相电能表、空气开关、电能表箱、配电箱、网线、同轴电缆 RJ45 水晶头、BNC 视频接头等。

## 分块一　楼宇供配电

　　供配电系统是智能建筑的心脏，是楼宇的动力系统。近年来，智能建筑在国内外不断兴建，成为现代化城市的重要标志。各种先进技术与智能化设备的不断应用和发展，给智能建筑供配电提出了许多新的要求，供配电的可靠性、安全性，摆到了更重要的位置。高层建筑的用电负载一般分为暖通、空调、供配电、照明、给排水、消防、电梯等。现代智能建筑电气系统有以下特点：用电设备多、用电量大、供电可靠性要求高、电气系统复杂、电气线路多、电气用房多、自动化程度高。

### 一、供电系统的主接线

　　电力的输送与分配，必须由母线、开关、配电线路、变压器等组成一定的供电电路，这个电路就是供电系统的一次接线，即主接线。智能化建筑由于功能上的需要，一般都采用双电源进线，即要求有两个独立电源，常用的供电方案如图 2-1 所示。

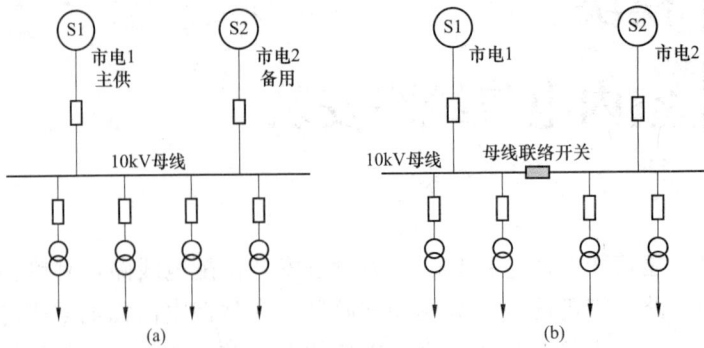

图 2-1 供电主接线

(a) 两路高压电源，一用一备；(b) 两路电源同时工作

图 2-1 (a) 为两路高压电源，正常时一用一备，即当正常工作电源事故停电时，另一路备用电源自动投入。此方案可以减少中间母线联络柜和一个电压互感器柜，对节省投资和减小高压配电室建筑面积均有利。这种接线要求两路都能保证 100% 的负载用电。当清扫母线或母线故障时，将会造成全部停电。因此，这种接线方式常用在大楼负载较小，供电可靠性要求相对较低的建筑中。

图 2-1 (b) 为两路电源同时工作，当其中一路故障时，由母线联络开关对故障回路供电。该方案由于增加了母线联络柜和电压互感器柜，变电站的面积也就要增大。这种接线方式是商用性楼宇、高级宾馆、大型办公楼宇常用的供电方案。当大楼的安装容量大，变压器台数多时，非常适合采用这种方案，因为它能保证较高的供电可靠性。

我国目前常用的主接线方案为双电源接入，如图 2-2 所示

对于规模较小的建筑，可采用高供低备的主接线方案，如图 2-3 所示。

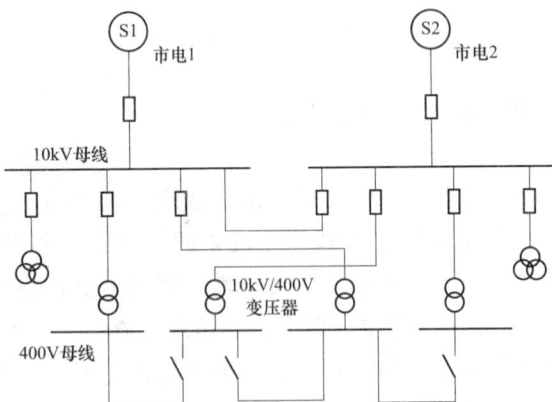

图 2-2 双电源接入

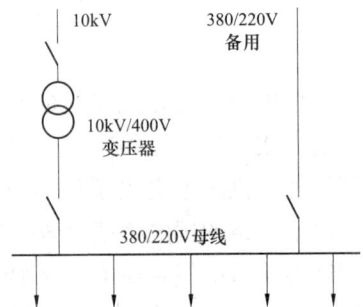

图 2-3 高供低备的主接线方案

## 二、楼宇低压配电系统

楼宇低压配电系统应当按三级设置，即采用三级配电。所谓三级配电，是指施工现场从电源进线开始至用电设备之间，经过三级配电装置配送电力。从总配电箱（一级箱）

或配电室的配电柜开始，依次经由分配电箱（二级箱）、开关箱（三级箱）到用电设备。这种分三个层次逐级配送电力的系统就称为三级配电系统。它的基本结构形式可用一个系统框图来形象化地描述，如图 2 - 4 所示。

为了保证所设三级配电系统能够安全、可靠、有效地运行，在实际设置系统时还应遵守一些必要的规则。概括起来，可以归结为 4 项规则，即分级分路规则，动、照分设规则，压缩配电间距规则，环境安全规则。

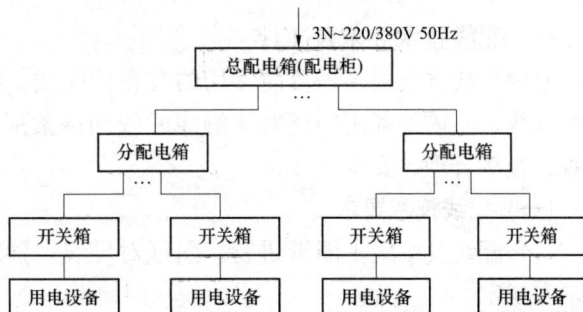

图 2 - 4  三级配电系统

### （一）分级分路

所谓分级分路规则，可用以下三个要点说明。

（1）从一级总配电箱（配电柜）向二级分配电箱配电可以分路，即一个总配电箱（配电柜）可以分若干分路向若干分配电箱配电；每一分路也可分支支接若干分配电箱。

（2）从二级分配电箱向三级开关箱配电同样也可以分路，即一个分配电箱也可以分若干分路向若干开关箱配电，而其每一分路也可以支接或链接若干开关箱。

（3）从三级开关箱向用电设备配电实行"一机一闸"制，不存在分路问题，即每一开关箱只能连接控制一台与其相关的用电设备（含插座），包括一组不超过 30A 负载的照明器，或每一台用电设备必须有其独立专用的开关箱。

### （二）动照分设

所谓动照分设规则，可用以下两个要点说明。

（1）动力配电箱与照明配电箱宜分别设置；若动力与照明合置于同一配电箱内共箱配电，则动力与照明应分路配电。这里所说的配电箱包括总配电箱和分配电箱。

（2）动力开关箱与照明开关箱必须分箱设置，不存在共箱分路设置问题。

### （三）压缩配电间距

压缩配电间距规则是指除总配电箱、配电室（配电柜）外，分配电箱与开关箱之间，开关箱与用电设备之间的空间间距应尽量缩短。压缩配电间距规则可用以下三个要点说明。

（1）分配电箱应设在用电设备或负载相对集中的场所。

（2）分配电箱与开关箱的距离不得超过 30m。

（3）开关箱与其供电的固定式用电设备的水平距离不宜超过 3m。

### （四）环境安全

环境安全规则是指配电系统对其设置和运行环境安全因素的要求。按照规定，配电系统对其设置和运行环境安全因素的要求可用以下 5 个要点说明。

（1）环境保持干燥、通风、常温。

（2）周围无易燃易爆物及腐蚀介质。

（3）能避开外物撞击、强烈振动、液体浸溅和热源烘烤。

（4）周围无灌木、杂草丛生。

（5）周围不堆放器材、杂物。

## 分块二 室内配线方式及技术要求

### 一、配线技术要求及工序

室内配线方式很多，目前常用的有瓷柱配线、线管配线、线槽配线、护套线配线和桥架配线。室内外都用的还有滑触线配线和钢索配线。配线总的要求是横平竖直、整齐美观、经济合理、安全可靠。

**（一）配线技术要求**

（1）配线要按施工图纸进行。图纸对导线、预埋方式、灯具、配电箱位置都有技术要求和规定。

（2）配线水平敷设时距地面要在 2.5m 以上；垂直敷设时地面以上要套 2m 的保护管。

（3）配线穿越楼板、墙壁时要加保护套管（瓷管、钢管、竹管、硬塑料管）。

（4）配线穿越建筑物的伸缩缝、沉降缝时要留有余量。线管配线应加补偿装置。

（5）配线尽量不要接头，若要接头或分支，需加接线盒和分线盒，线管线槽内不允许有接头。

（6）配线尽量不要交叉，若要交叉，应在靠近内墙面的导线上套绝缘套管。

（7）配线和电气设备与油管、水管、暖气管、煤气管等管线之间要保持一定的安全距离。一般为 0.1～1m。

（8）配线安装完毕要进行认真检查，看有无错、漏，并用绝缘电阻表检查线路的绝缘电阻，看是否有短路或接地。

**（二）室内配线工序**

（1）反复熟悉施工图纸，对于异议或不明之处找有关技术部门咨询，必要时提出图纸变更意见。

（2）根据施工图确定配电箱、灯具、开关、插座位置，按施工进度做好管线、接线盒、固定螺栓等预埋工作。

（3）进行线管穿线。

（4）墙面抹灰后进行导线明敷设和安装电器设备。

（5）收尾检查、整理查漏补缺，以待验收。

### 二、绝缘子配线

绝缘子配线常用的有柱式（鼓式）、针式、蝶式三种绝缘子。目前，这种配线在室内用得不多，只有某些动力车间、变电站或室外才用到。其安装步骤是定位固定绝缘子，放线、绑扎导线和安装电器设备。绝缘子安装距离依不同的施工条件，一般横向间距离为 1.2～3m，纵向距离为 0.1～0.3m。绝缘子配线根据工艺要求应注意以下几点。

（1）在建筑物上配线时，导线一般放在绝缘子上面，也可放在绝缘子下面或外面，但不可放在两绝缘子中间（见图 2-5）。

（2）导线弯曲、转角、换向时，绝缘子要装在导线弯曲的内侧（见图 2-6）。

（3）导线不在一个平面弯曲时要在凸角两面加设绝缘子（见图 2-7）。

（4）导线分支时，分支处要装设绝缘子；导线交叉时要在靠近墙面的那根导线上套绝缘管（见图 2-8）。

（5）导线绑扎时，要把导线调平、收紧。

图 2-5 导线的放置

（a）导线在绝缘子上面；（b）导线在绝缘子下面；（c）导线在绝缘子外面；（d）导线在绝缘子中间

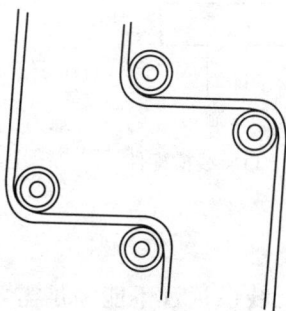

图 2-6 绝缘子的放置（一） 图 2-7 绝缘子的放置（二） 图 2-8 绝缘子的放置（三）

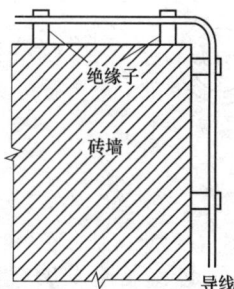

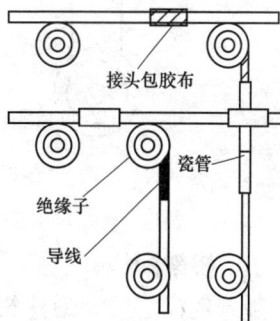

### 三、护套线配线

护套线配线是一种临时配线，一般用在家庭或办公室内。它直接敷设在墙壁、梁柱表面，也可以穿在空心楼板内。固定方法现在大多用钢钉塑料卡子。根据护套线的规格选用相同规格的卡子。卡子的距离为 0.3～0.5m。固定时要把护套线捋直放平（扁护套线），卡子间距要相等。根据经验，卡子的距离或距屋顶的距离可以用锤子柄衡量，这样可以提高工作效率。若画出线路走向横、竖线，沿线敷设则更美观（见图 2-9）。

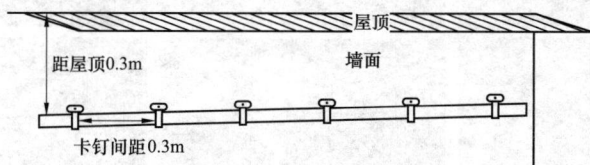

图 2-9 护套线配线

### 四、线槽配线

线槽配线也是一种临时配线，或工程改造配线。如果一户一表工程改造，将导线装在线槽内敷设在走廊或墙壁上。线槽的固定拼装，具体工艺步骤如下。

（1）固定：用冲击钻按固定点打 $\phi6mm$ 的孔，孔内放上塑料胀管。用木螺丝将底板固定牢固，固定点距离约 0.3m。分支与转角处要加强固定点。

（2）拼装：接头处底板和盖板要错开，便于固定与受力。转角处底、盖合好，将横、竖槽板各锯 45°斜角。分支处在横板 1/2 处锯出 45°的三角，竖板锯出 45°尖角，使横竖相配。线槽与塑料台相切处也应处理成圆弧，使相切无缝隙（见图 2-10）。

（3）布线：安装电器件，将导线放入线槽内盖好盖板。

现在 30mm 以上的线槽都配有接头、弯头、内外转角等配件，施工方便，减少工序，提高了工作效率，如图 2-11 所示。

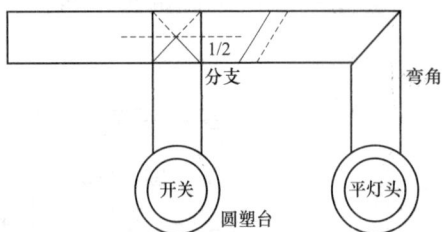

图 2-10　线槽配线

图 2-11　线槽配件

### 五、桥架配线

随着现代高层大型建筑物拔地而起、飞速发展，传统的配线已远远不能满足需要，建筑物内的负载增大，各种线路增多，供电干线已不能埋入墙体或楼板内，桥架配线应运而出成为主角。

桥架配线可以理解为线槽配线的翻版，是放大了的线槽，所不同的是固定方式，桥架的固定主要是悬吊式和支架式，如图 2-12 所示。桥架内的配置又分为强电（即电源主

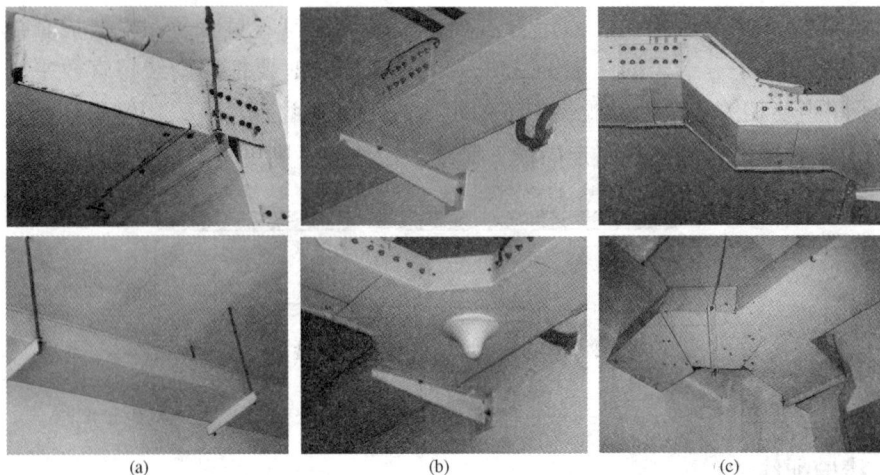

(a)　　　　　　　　(b)　　　　　　　　(c)

图 2-12　桥架配线

(a) 悬吊式；(b) 支架式；(c) 波弯和三通

干线，主要是电线电缆）和弱电（如网线、监控线、电话线和电视馈线等）。桥架安装工艺要求有以下几点。

（1）桥架的固定吊杆、金属支架等，要在墙体粉刷前安装固定。

（2）桥架有箱体、连板、弯头、三通、四通、波弯、大小头等配件，要按照施工图纸组装后安装。

（3）为了保证良好的接地，箱体连接处要跨接接地线辫。

（4）桥架安装要牢固，布线完成以后要盖好盖板，因碰撞掉漆处要补刷（喷）。

## 六、线管配线

### 1. 线管配线的特点与方式

线管配线是将导线穿在管内的敷设方法。这种配线有防潮、防腐、导线不易受直接损伤等特点。但导线发生断线、短路故障后换线维修比较麻烦。

线管配线有明敷设和暗敷设两种，明敷设将线管敷设在墙壁或其他支持物上，也称暗线明装；暗敷设将线管埋入地下、墙内，也称暗线暗装。目前常用的线管有金属镀锌（镀铬）电线管和高强度的 PVC 管。

### 2. 线管配线的步骤与工艺要求

（1）选管：根据施工图纸设计要求，一般大型永久性建筑物采用金属管；中小型建筑物使用 PVC 管。

根据穿线的截面和根数选择线管直径，要求穿管导线的外总截面（包括绝缘皮层）应等于或小于线管内径截面的 40%。

（2）下料布管：用钢锯、管子割刀或无齿电锯，按所需线管长短进行下料，并锉去管口毛刺。现在线管弯曲有弯头、分支有三通、连接有接头、粗细管连接有大小头等配件，所以减少配管的许多工序，大大提高了工作效率（见图 2-13）。

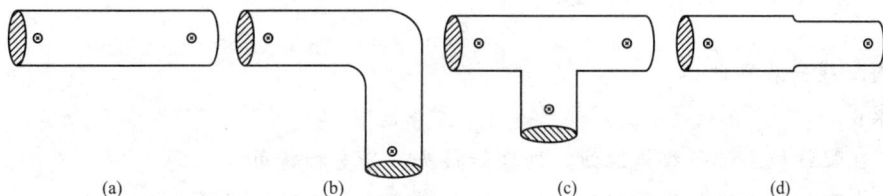

图 2-13 线管配件

（a）接头；（b）弯头；（c）三通；（d）大小头

暗布管时，若在现场浇注混凝土，当模板支好，钢筋扎好后，将线管组装后绑扎在钢筋上；若布在砖墙内，应先在墙上留槽或开槽；若布在地下，应在混凝土浇筑以前预埋。布管的同时线管内应穿上铁丝，备牵引导线用。管口要用废旧纸张、塑料封堵，防止砂浆、杂物进入管内影响穿线。

明装布管时，线管沿墙壁、柱子等处敷设，塑料管用塑料卡子固定，金属管用金属卡子固定，金属管连接处要跨焊接地线。接线盒、配电箱等都要进行良好接地。当线管穿越建筑物的沉降缝（伸缩缝）时，为防止地基下沉或热胀冷缩，损伤线管和导线，要在伸缩缝旁装设补偿装置（见图 2-14）。补偿装置接管的一端用防松螺母拧紧，另一端不用固定。当明装时可用金属软管补偿，软管留有弧度，用以补偿伸缩（见图 2-15）。

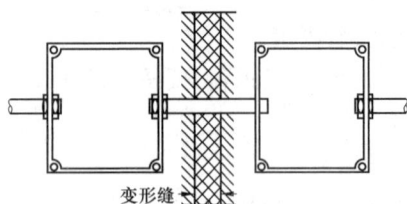

图 2-14　补偿装置

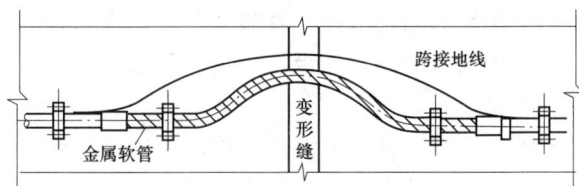

图 2-15　软管补偿

（3）穿线安装电器：当土建地坪和粉刷完工后，就应及时穿线，由于布管时管内已穿上了牵引铁丝，此时根据线管长度裁剪导线并依据相、地、零导线规定的颜色选择导线，将数根导线并拢（线管内导线最多不得超过 8 根），与牵引铁丝一端绑扎好。一人向管内送线（注意送线人一定要小心管口刮伤导线绝缘皮层），另一端有一人牵引铁丝（见图 2-16）。若推拉不动或线管折弯处，则送线人要拉出一些导线，再送拉，如此反复几次让导线打弯后再前进。若穿线失败，导线与牵引铁丝分离或因误漏穿引铁丝则要重新穿牵引线，这时的牵引线要用弹性较强的钢丝，钢丝头要弯成不易被挂的圆形角头（易穿入管内），当导线穿好后安装电气元件，注意连接螺栓的螺母或螺钉要压紧，不要有虚点，也不要压绝缘，接线盒内导线要留有余量，电器件安装要牢固、端正。

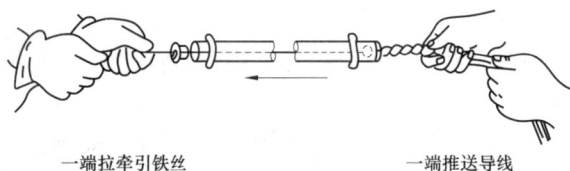

一端拉牵引铁丝　　一端推送导线

图 2-16　线管穿线

## 实训内容及要求

室内配线安装实训。

要求：

（1）在配线板上进行线槽配线，处理好接头、分支和转角。

（2）在配线板上进行线管配线，用上接头、弯头和三通等线管配件。

# 分块三　灯　具　安　装

灯具安装（包括插座），是初级电工应掌握的技能，如果职业技术院校电气或机电专业的学生不会安装或维修灯具那是不可置信的。灯具形形色色，安装千变万化，但万变不离其宗，无非两根线即相线和零线。

## 一、灯具的种类及特点

从爱迪生发明电灯到今天，灯具发生了巨大的变化。它使黑夜变得五彩缤纷、辉煌灿烂。按光源分有白炽灯、日光灯、汞灯、钠灯、氙灯、碘钨灯、卤化物灯；按安装场合分有室内灯、路灯、探照灯、舞台灯、霓虹灯；按防护形式有防尘灯、防水灯、防爆灯；按控制方式有单控、双控、三控、光控、时控、声光控、时光控等；按光源的冷热分有热辐射光源和冷辐射光源。

下面简单介绍不同光源的灯具。

1. 白炽灯

白炽灯为热辐射光源，是由电流加热灯丝至白炽状态而发光的。电压220V的功率为15～1000W，电压6～36V的（安全电压）功率不超过100W。灯头有卡口和螺丝口两种。大容量一般用瓷灯头。白炽灯的特点是结构简单、安装方便、使用寿命长。

2. 日光灯

日光灯（荧光灯）为冷辐射光源，靠汞蒸气放电时辐射的紫外线去激发灯管内壁的荧光粉，使其发出类似太阳的光辉，故称日光灯。日光灯有光色好、发光率好、耗能低等优点，但结构比较复杂，配件多，活动点多，故障率相对白炽灯高。

3. 高压汞灯（水银灯）

高压汞灯有自镇流式和外镇流式两种。自镇流式是利用钨丝绕在石英管的外面做镇流器；外镇流式是将镇流器接在线路上。高压汞灯也属于冷光源，是在玻璃泡内涂有荧光粉的高压汞气放电发光的。高压汞灯广泛用于车间、码头、广场等场所。

4. 卤化物灯

卤化物灯是在高压汞灯的基础上为改善光色的一种新型电光源。具有光色好、发光效率高的特点，如果选择不同的卤化物就可以得到不同的光色。

5. 高压钠灯

高压钠灯是利用高压钠蒸气放电发出金色的白光，其辐射光的波长集中在人眼感受较灵敏部位，特点是光线比较柔和，发光效率好。

6. 氙灯（"小太阳"）

氙灯是一种弧光放电灯，有长弧氙灯和短弧氙灯。长弧氙灯为圆柱形石英灯管，短弧氙灯是球形石英灯管。灯管内两端有钍钨电极，并充有氙气。这种灯具有功率大、光色白、亮度高等特点，被誉为"小太阳"。广泛用于建筑工地、车站机场和摄影场所。

7. 碘钨灯

碘钨灯是一种热光源，灯管内充入适量的碘，高温下钨丝蒸发出钨分子和碘分子化合成碘化钨，这便是碘钨灯的由来。碘化钨游离到灯丝时又被分解为碘和钨，如此循环往复，使灯丝温度上升发出耀眼的光。碘钨灯的特点是体积小、光色好、寿命长，但起动电流较大（为工作电流的5倍）。这种灯主要用在工厂车间、会场和广告箱中。

8. 节能灯

节能灯光色柔和、发光效率高、节能显著，被普遍用于家庭、写字楼、办公室等。工作原理和日光灯相同，管内涂有稀土三基色荧光粉，发光效率比普通荧光灯提高30%，是白炽灯的5～7倍。

## 二、灯具安装

灯具的安装形式有壁式、吸顶式、镶嵌式、悬吊式。悬吊式又有吊线式、吊链式、吊杆式（见图2-17）。

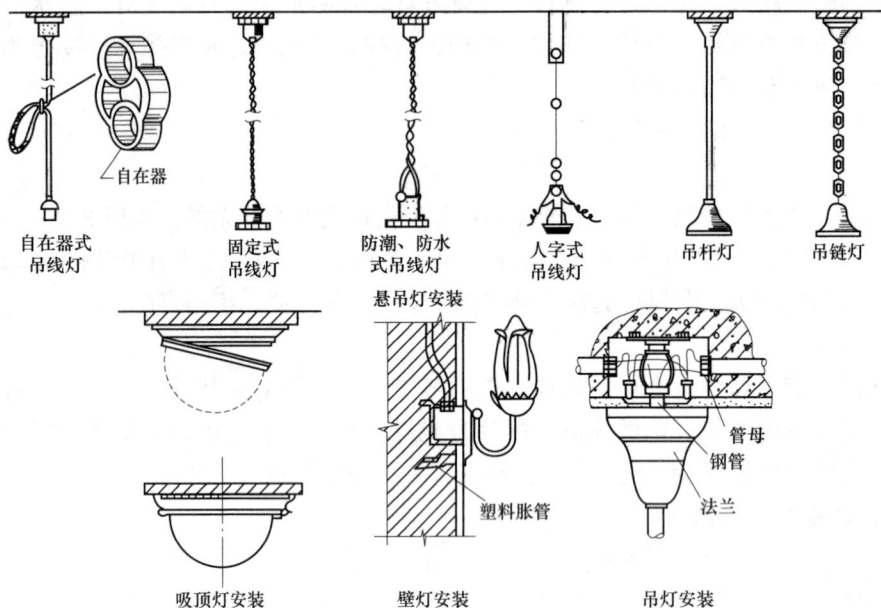

图 2-17 灯具安装形式

灯具安装一般要求悬挂高度距地 2.5m 以上，这样一是高灯放亮，二是人碰不到相应的安全。暗开关距地面 1.3m，距门框 0.2m，拉线开关距屋顶 0.3m。

1. 白炽灯安装的步骤与工艺要求

（1）安装圆木台（塑料台）。在布线或管内穿线完成之后安装灯具的第一步是安装圆木台。圆木台安装前要用电工刀顺着木纹开两条压线槽；用平口螺丝刀在木台上面钻两个穿线孔；在固定木台的位置用冲击钻钻 $\phi 6mm$ 的孔，深度约 25mm，并塞进塑料胀管，将两根导线穿入木台孔内，木台的两线槽压住导线，用螺丝刀、木螺丝对准胀管拧紧木台（见图 2-18）。

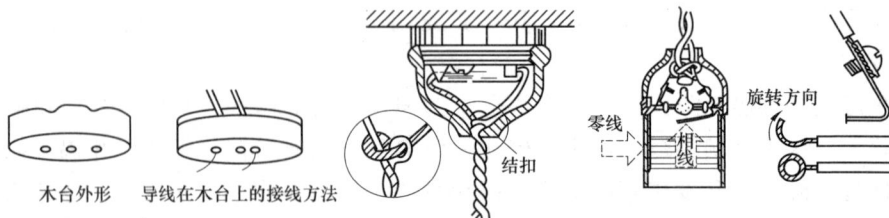

图 2-18 白炽灯的安装与接线

（2）安装吊线盒（挂线盒）。将木台孔上的两根电源线头穿入吊线盒的两个穿线孔内，用两个木螺钉将吊线盒固定在木台上（吊线盒要放正）。剥去绝缘约 20mm，将两线头按对角线固定在吊线盒的接线螺钉上（顺时针装），并剪去余头压紧毛刺。用花线或胶质塑料软线穿入吊线盒盖并打扣（承重），固定在吊线盒的另外两个接线柱上，并拧紧吊线盒盖。

（3）安装灯头。灯头一般在装吊线盒时事先装好，剪花线 0.7m，一端穿入灯头盖并打扣，剥去绝缘皮层将两线头固定在灯头接线柱上（见图 2-18）。如果是螺丝口灯头相线（花线不带白点的那根线）应接在与中心铜片相连接的接线柱上，零线接在与螺口相连的接线柱上，以避免触电。

（4）安装开关。开关有明装（拉线开关）和暗装（扳把开关）之分。开关控制相线，拉线开关同安装吊线盒，先装圆木台再装开关，开关要装在圆木台的中心位置，拉线口朝下。扳把开关在接线盒内接线，盒内导线要留有余量，扳柄向上时为接通位置，线接好后再把开关用机螺丝固定在接线盒（开关盒）上（见图2-19）。

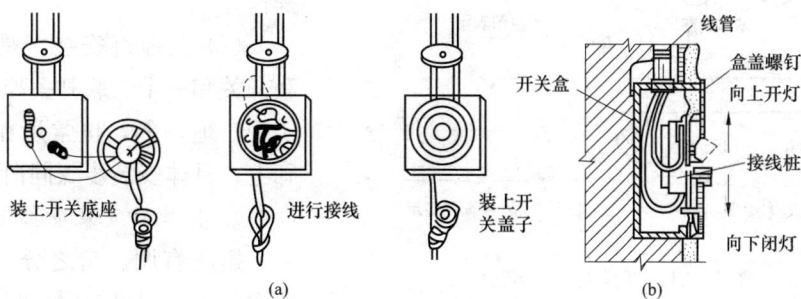

图2-19　开关的安装

(a) 明装开关；(b) 暗装开关

**2. 日光灯安装步骤及工艺要求**

（1）组装并检查日光灯线路，若日光灯部件是散件要事先组装好。如果是套装，要检查一下线路是否正确、焊点是否牢固。组装时将所有电器件串联起来，若双管或多管则先单管串接，后多管并接，再接电源。

（2）开关、吊线盒的安装，其方法同白炽灯，此处不再赘述。吊链或吊杆长短要相同，使灯具保持水平。注意：因日光灯灯脚挂灯管处有4个活动点，起辉器处有2个活动点，这是日光灯接触不良易出故障的地方（见图2-20）。

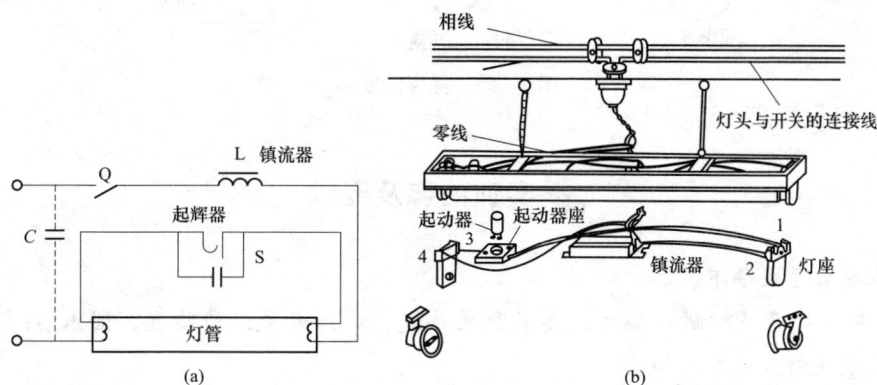

图2-20　日光灯的安装

(a) 日光灯接线图；(b) 日光灯安装图

**3. 双控灯、三控灯安装**

通常用一个开关控制一盏灯，也可以用一个开关控制多盏灯，这些都比较简单。双控或三控用在不同的场合，控制线路略微复杂些。

（1）双控灯安装。是用两个双联开关控制一盏灯（两地控制），一般用在楼梯间或家庭客厅（见图 2-21），两个开关要用两根导线联络起来，接在双联开关的两边的点，中间的一点接电源"L"线（相线），另一个开关中间点接灯头的中心点，灯头的螺旋接"N"线（零线），这种控制无论在哪个位置扳动一个开关都可以使灯接通或断开，实现两地控制，方便操作。

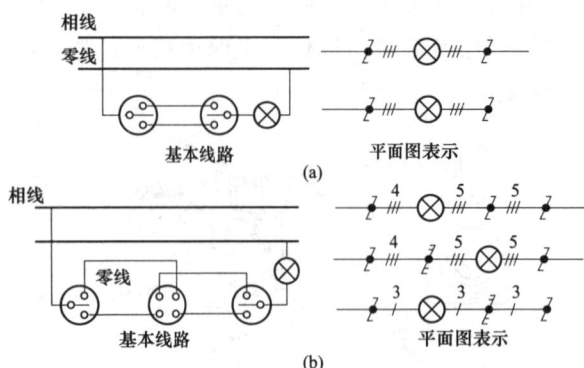

图 2-21　灯具的异地控制

（a）双控灯接线图；（b）三控灯接线图

（2）三控灯安装。是用两个双联开关和一个三联开关控制一盏灯，实现三地控制，也常用在楼梯或走廊上，具体安装步骤同白炽灯。

4. 插座的安装步骤与工艺要求

插座有明、暗之分，明插座距地面 1.4m，特殊环境（幼儿园）距地面 1.8m；暗插座距地面 0.3m。插座又分为单相和三相，单相有两孔的（一相一零）、三孔的（一相一零一地），两孔和三孔合起来就是五孔的。四孔插座为三相的，是三相一地，另外还有组合插座也叫多用插座或插排。安装时需要装圆木台的如前面白炽灯的装法一样。因插座接线孔处有接线标志，如"L""N"等，可以对号入座，但需要注意的是，导线的颜色不能弄错。一般零线是"蓝""黑"色，相线是"黄""绿""红"三色，地线是"双色"，否则易造成短路或接地故障（见图 2-22）。

图 2-22　插座的安装

## 实训内容及要求

灯具安装要求如下。

（1）用一个开关控制一盏灯。要求配置导线、拉线开关、吊线盒、圆木台、螺口灯头，吊线盒及灯头内要打扣。

（2）用两个开关控制一盏灯。要求导线穿管、配置塑料台、平座灯头、接线盒、双联开关。

（3）日光灯安装。要求单双管配置分别接线。

（4）三孔、四孔、五孔插座安装。要求按导线颜色对号接线。

以上实训内容也可以到宿舍或者教室拆装灯具、插座、开关等。

# 分块四 电表箱、配电箱（配电柜）的安装

电表箱、配电柜的安装是室内配线的重要组成部分，技术含量相对要高些，一般与灯具安装同步进行，箱体的安装形式有悬挂式、镶嵌式、半镶嵌式、落地式等。

## 一、电能表箱的安装

为了对用户用电量进行计算，需要装电表箱，一般是一户一表，也有一个住户单元装一个总电能表箱，便于抄表员抄表。电能表箱内装有单相电能表和控制开关。

1. 单相电能表的安装

单相电能表结构简单便于安装，适用于居民家庭，有转盘数字式和液晶显示式。将电能表和开关在箱体安装好后再进行接线，电能表接线盒内有 4 个接线柱，从左至右 1、3 柱接电源，2、4 柱接负载，其结构、接线、安装如图 2-23 所示。

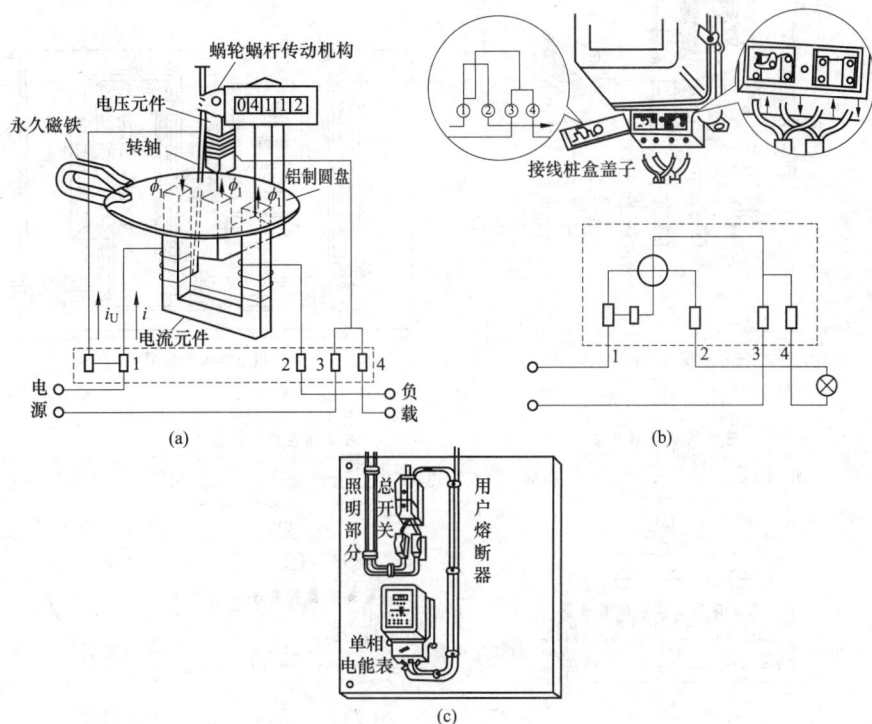

图 2-23 单相电能表的安装

(a) 单相电能表结构图；(b) 单相电能表接线图；(c) 单相电能表安装图

2. 三相电能表的安装

三相电能表适用于企业、事业及用电量大的动力车间等。三相电能表有三相三线制和三相四线制之分，还有直接安装和加互感器安装。若电流很大，电压较高，应通过电流互感器或电压互感器才能接入电能表，其目的一是相对安全，二是缩小仪表的

结构。电流互感器是将大电流变成小电流（5A），电压互感器是将高电压变成低电压（100V）。

三相三线制电能表从左至右有8个接线柱，1、4、6接三相进线，3、5、8出线接负载，2、7空着（内接电压线圈）。三相四线制电能表从左至右共11个接线柱，1、4、7为三相进线，3、6、9为出线，10是中性线进线，11是中性线出线，2、5、8空着，其结构、接线、安装如图2-24所示。

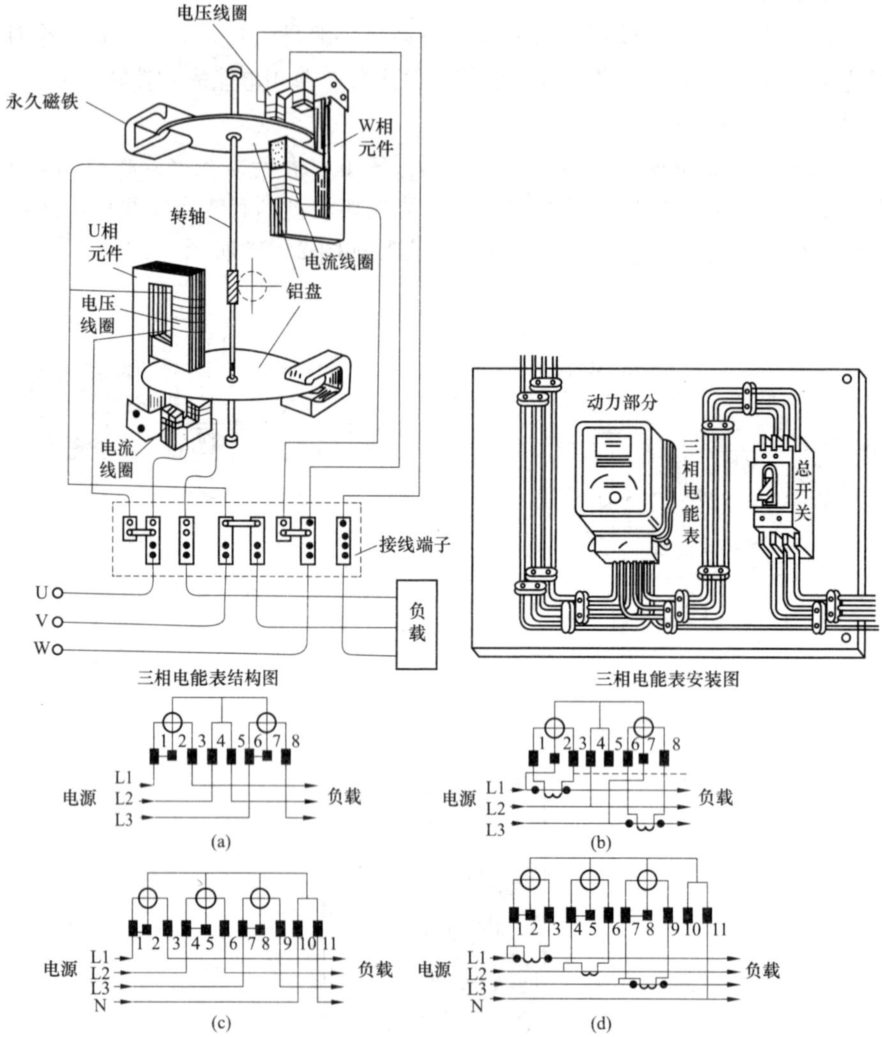

图 2-24 三相电能表的安装

（a）三相三线制电能表直接接入；（b）三相三线制电能表经电流互感器接入；
（c）三相四线制电能表直接接入；（d）三相四线制电能表经电流互感器接入

## 二、配电箱安装

配电箱是用来分配控制电能的，是由专门厂家生产的定型产品，有照明配线箱、动力配电箱、控制配电箱、计量配电箱，还有总配电箱和分配电箱。

## （一）配电箱的配置与接线形式

由于用电负载的多少，不同的配电箱内配置是不同的，一般有一个总开关，下面装有几个分开关，分开关下面接负载，分别控制不同的电路。如果总开关不带漏电保护，则分开关要带漏电保护装置。配电箱的接电形式如图 2-25 所示。由室外架空线杆到建筑物外墙横担的线路称引下线，从外墙到室内总配电箱的线路称进户线。也可以从变电站通过电缆接入总配电箱。由总配电箱到分配电箱的线路称干线，由分配电箱到负载的称支线。干线又有放射式、树干式和混合式三种，放射式的优点是当某分配电箱发生故障时不影响其他箱体正常供电，缺点是各分箱干线由总配电箱引出耗材较大。树干式节省材料，但如果一个分配电箱出现故障就要停总配电箱，影响其他供电。混合式综合以上两者，优缺点兼而有之。

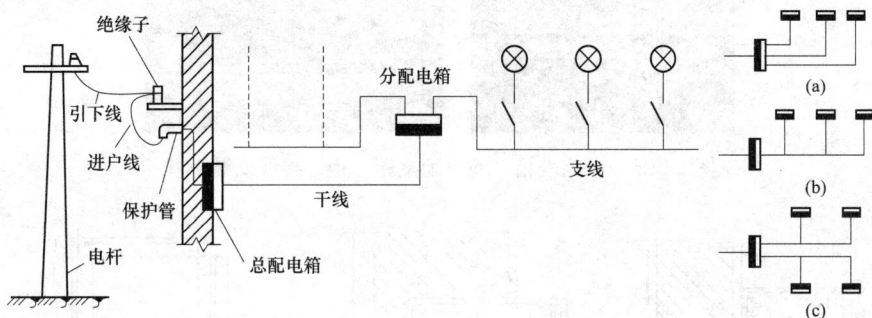

图 2-25 配电箱的接电形式

(a) 放射式；(b) 树干式；(c) 混合式

## （二）配电箱安装工艺要求

（1）配电箱要安装在干燥、明亮、不受振动、便于操作和维修的场所。

（2）配电箱安装要端正牢固，垂直偏差要大于 3mm。

（3）配电箱的安装高度：暗装 1.4m，明装和照明配电箱要 1.8m。

（4）配电箱内的配置设备要安装整齐牢固，其额定电流和额定电压要满足负载要求。

（5）配电箱内的母线应有黄（A）、绿（B）、红（C）、黑（N）等分相标志。

（6）配电箱内的配线要整齐美观、上下对称、成排成束。

（7）配电箱外壳及不带电的金属构件要进行良好的接地。

（8）接地系统中的零线应在引线处或接线末端的配电相处做好重复接地。

电能表箱、动力配电箱（柜）接线安装形式如图 2-26 所示。

## （三）配电箱的安装方式

配电箱安装方式很多，主要有①悬挂式，安装在墙上、梁柱上；②镶嵌式，主要镶嵌在墙体内，有全嵌型和半嵌型；③落地式，打高出地面 200~300mm 的混凝土底座，并预埋固定螺栓固定配电箱，有的也可以直接蹾放在地面上；④支架式，用角钢焊接成金属支架，上面固定配电箱，如图 2-27 所示。

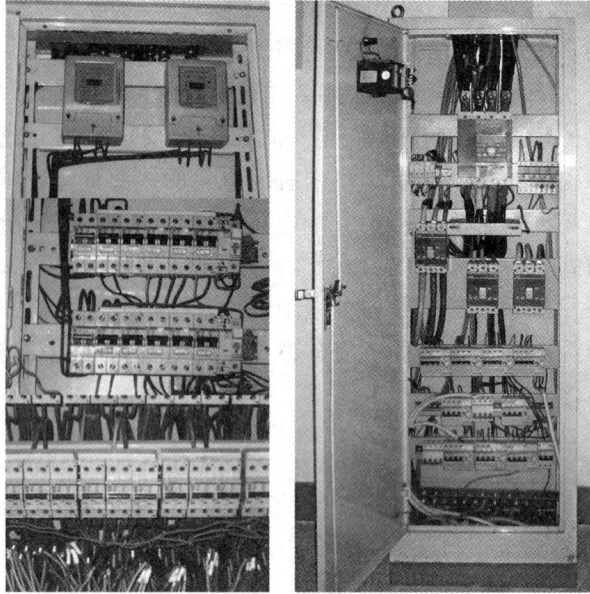

图 2-26 电能表箱、动力配电箱（柜）接线安装形式

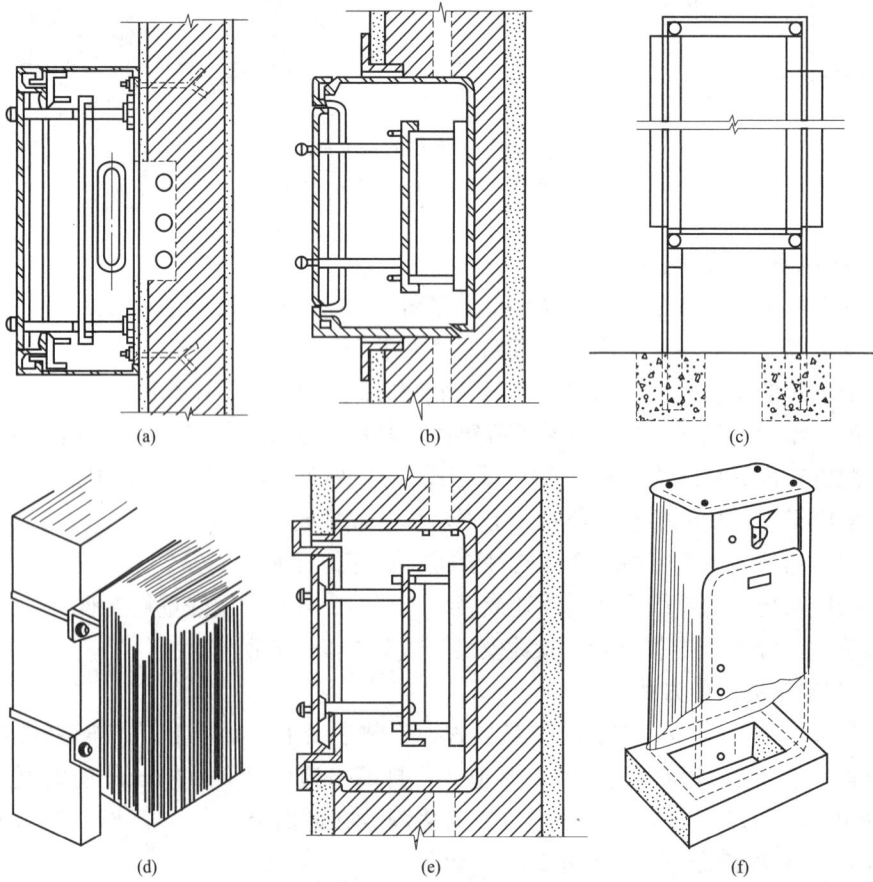

图 2-27 配电箱安装形式

（a）墙上悬挂；（b）挂半嵌式；（c）支架上固定；（d）柱上悬；（e）全嵌式；（f）台上固定

**实训内容及要求**

配电箱配线要求如下。

（1）配电箱配置要有单相电能表、总开关和若干个分开关，安装要整齐牢固。

（2）三相三线制和三相四线制电能表安装、接线要求正确美观。

# 分块五　网线及视频接头的制作

室内配线技术不仅是指电气配线，在某些家装工程中，电气施工人员也要完成一些弱电线路的安装工作。网络、有线电视、视频等技术在家庭使用已基本实现全覆盖，与人们的生活息息相关，因此掌握部分弱电线路的安装技术对人们的生活及工作是很有帮助的。

### （一）网络插座的安装

室内配线的网络布线其实和电线布线的施工方式有些相同，都是在地板、墙壁里暗装，经过穿线管终结在86底盒。但网络线是一个信息点一根网线，中间不允许续接，一线走到底。

图 2-28　RJ45 信息模块

RJ45信息模块前面插孔内有8芯线针触点，分别对应着双绞线的八根线；后部两边各分列4个打线柱，外壳为聚碳酸酯材料，打线柱内嵌有连接各线针的金属夹子；有通用线序色标清晰标注于模块两侧面上，分两排。A排表示T586A线序模式，B排表示T586B线序模式，见表2-1。这是最普通的需打线工具打线的RJ45信息模块，如图2-28所示。

表 2-1　　　　　　　　　　　引脚号含义

| 引脚号 | 1 | 2 | 3 | 4 | 5 | 6 | 7 | 8 |
|---|---|---|---|---|---|---|---|---|
| T586A | 绿白 | 绿 | 橙白 | 蓝 | 蓝白 | 橙 | 棕白 | 棕 |
| T586B | 橙白 | 橙 | 绿白 | 蓝 | 蓝白 | 绿 | 棕白 | 棕 |

具体制作步骤如下。

第1步：将双绞线从暗盒里抽，预留40cm的线头，剪去多余的线。用剥线工具或压线钳的刀具在离线头10cm长左右将双绞线的外绝缘层剥去，注意不要伤及双绞线的绝缘层。

第2步：把剥开的双绞线线芯按线对分开，但先不要拆开各线对，只有在将相应线对预先压入打线柱时才拆开。按照信息模块上所指示的色标选择我们偏好的线序模式（注：在一个布线系统中最好统一采用一种线序模式，否则接乱了，网络不通则很难查），将剥皮处与模块后端面平行，两手稍旋开绞线对，稍用力将导线压入相应的线槽内，如图2-29所示。

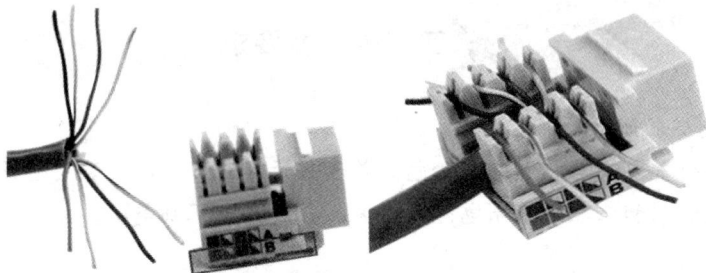

图 2-29　RJ45信息模块的压接线序

第3步：线芯都压入各槽位后，就可用110打线工具（见图2-30）将一根根线芯进一步压入线槽中。

图 2-30　110打线工具

110打线工具的使用方法是：切割余线的刀口永远是朝向模块的外侧，打线工具与模块垂直插入槽位，垂直用力冲击，听到"咔嗒"一声，说明工具的凹槽将线芯压到位，嵌入金属夹子里，金属夹子并切入绝缘皮咬合铜线芯形成通路。

第4步：将信息模块的塑料防尘片扣在打线柱上，并将打好线的模块扣入信息面板上。

**（二）RJ-45水晶头的制作**

网线钳是制作水晶头的专业工具，如图2-31所示。在压线钳最顶部的是压线槽，压线槽提供了三种类型的线槽，分别为6P、8P以及4P，中间的8P槽是最常用到的RJ-45压线槽，而旁边的4P为RJ11电话线路压线槽在压线钳8P压线槽的背面，可以看到呈齿状的模块，主要用于把水晶头上的8个触点压稳在双绞线之上。圆线剥线口是用来剥切网线外层绝缘的，切线口是用来剪切网线线芯的。

RJ-45插头如图2-32所示，之所以把它称为"水晶头"，主要是因为它的外表晶莹透亮。水晶头没有被压线之前金属触点凸出在外，是连接非屏蔽双绞线的连接器，为模块式插孔结构。从侧面观察RJ-45接口，可以看到平行排列的金属片，一共有8片，每片金属片前端都有一个突出透明框的部分，从外表来看就是一个金属接点，在压接网线的过程中，金属片的侧刀必须刺入双绞线的线芯，并与线芯总的铜质导线内芯接触，以联通整个网络。

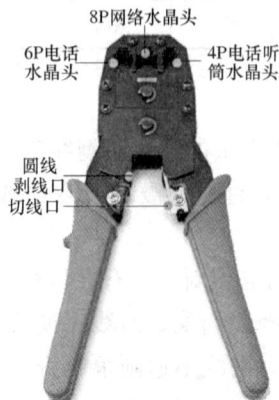

图 2-31　网线钳

图 2-32　水晶头

具体制作步骤如下。

第1步：用压线钳的圆线剥线口在离线头3cm长左右将双绞线的外绝缘层剥去，注意不要伤及双绞线的绝缘层。

第2步：将4对双绞线分开、捋直。并且按照：橙白、橙、绿白、蓝、蓝白、绿、棕白、棕的次序排列好，让线与线紧紧地靠在一起，手指用力捏住。

第3步：用压线钳的切线口将剥去护套的网线多余部分剪去，留15mm，留下一排整齐的线。

第4步：套上水晶头。注意水晶头的簧卡朝下。网线的8根线芯一定要伸入水晶头顶部。

第5步：将水晶头放入压线钳的压线口，用劲握压线钳手柄。最好是反复握几次。

第6步：制作完成后的网线两头插入测线仪（见图2-33），打开开关，如果1～8的指示依次反复亮起，说明网线制作成功。

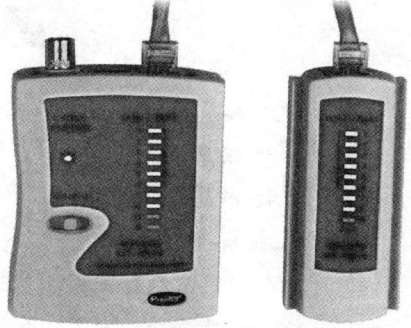

图2-33 测线仪

**（三）BNC视频接头的制作**

BNC接头，是一种用于同轴电缆的连接器，有压接式、组装式和焊接式，如图2-34和图2-35所示。

图2-34 同轴电缆图

图2-35 BNC接头

具体制作步骤如下。

第1步：剥线。同轴电缆由外向内分别为保护胶皮、金属屏蔽网线（接地屏蔽线）、乳白色透明绝缘层和芯线（信号线），芯线由一根或几根铜线构成，金属屏蔽网线是由金属线编织的金属网，内外层导线之间用乳白色透明绝缘物填充，内外层导线保持同轴，故称为同轴电缆。剥线用小刀将同轴电缆外层保护胶皮剥去1.5cm，小心不要割伤金属屏蔽线，再将芯线外的乳白色透明绝缘层剥去0.6cm，使芯线裸露。

第2步：芯线的连接。BNC接头一般由BNC接头本体、芯线插针、屏蔽金属套筒三个部分组成，芯线插针用于连接同轴电缆芯线。在剥线之后，将芯线插入芯线插针尾部的小孔，使用卡线钳前部的小槽用力夹一下，使芯线压紧在小孔中。当然，也可以使用电烙铁直接焊接芯线与芯线插针，焊接时注意不要将焊锡流露在芯线插针外表面。如果没有专用卡线钳可用电工钳代替，需要注意将芯线压紧以防止接触不良，但要用力适当以免造成芯线插针变形。

第3步：装配。BNC接头连接好芯线后，先将屏蔽金属套筒套入同轴电缆，再将芯线插针从BNC接头本体尾部孔中向前插入，使芯线插针从前端向外伸出，最后将金属套筒前推，使套筒将外层金属屏蔽线卡在 BNC 接头本体尾部的圆柱体内。

第 4 步：压线。保持套筒与金属屏蔽线接触良好，用卡线钳用力夹压套筒，使 BNC 接头本体固定在线缆上。重复上述方法在同轴电缆另一端制作 BNC 接头即制作完成。待 BNC 电缆制作完成，最好用万用电能表进行检查后再使用，断路和短路均会导致信号传输故障。

## 实训内容及要求

网线及视频接头的制作如下。

(1) RJ - 45 信息模块的制作。

(2) RJ - 45 水晶头的制作。

(3) BNC 视频接头的制作。

(4) 每 2 人一组，制作完成测试通断。操作要认真，严格按工艺要求操作。

# 模块三
# 常用电工仪表

电工仪表是用于测量电压、电流、电能、电功率等电量和电阻、电感、电容等电路参数的仪表，在电气设备安全、经济、合理运行的监测与故障检修中起着十分重要的作用。电工仪表的结构性能及使用方法会影响电工测量的精确度，电工应合理选用电工仪表，而且要了解常用电工仪表的基本工作原理及使用方法。

常用电工仪表有：直读指示仪表，它把电量直接转换成指针偏转角，如指针式万用表；比较仪表，它与标准器比较，并读取二者比值，如直流电桥；图示仪表，它显示两个相关量的变化关系，如示波器；数字仪表，它把模拟量转换成数字量直接显示，如数字万用表。常用电工仪表按其结构特点和工作原理分类，有磁电式、电磁式、电动式、感应式、整流式、静电式和数字式等。

## 知识目标

了解仪表原理；掌握仪表的使用方法及注意事项。

## 能力目标

能够正确熟练地使用仪表。

## 器材准备

万用表（指针式、数字式）、绝缘电阻表、钳形电流表、电桥、示波器，电动机、接触器、交直流电源，低频信号发生器。

## 分块一　万用表的使用

### 一、指针式万用表
1. 指针式万用表的结构

万用表由表头、测量电路及转换开关等三个主要部分组成。

（1）表头。表头是高灵敏度的磁电式直流电流表，如图3-1所示。万用表的主要性能指标基本上取决于表头的性能。表头的灵敏度是指表头指针满刻度偏转时流过表头的直流电流值，这个值越小，表头的灵敏度越高。测电压时的内阻越大，其性能就越好。

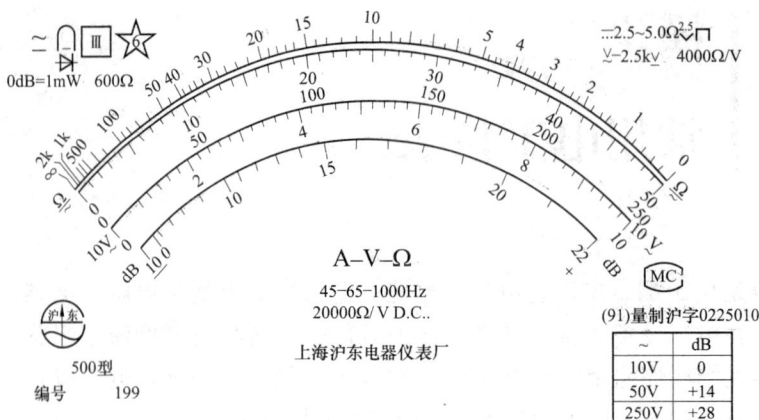

图 3-1  指针式表头结构

表头上有 4 条刻度线，它们的功能如下：第一条（从上到下）标有"R 或 Ω"，指示的是电阻值，转换开关在欧姆挡时，即读此条刻度线。第二条标有"∽"和"VA"，指示的是交、直流电压和直流电流值，当转换开关在交、直流电压或直流电流挡，量程在除交流 10V 以外的其他位置时，即读此条刻度线。第三条标有"10V"，指示的是 10V 的交流电压值，当转换开关在交、直流电压挡，量程在交流 10V 时，即读此条刻度线。第四条标有"dB"，指示的是音频电平。

（2）测量电路。测量电路是用来把各种被测量转换到适合表头测量的微小直流电流的电路，它由电阻、半导体元件及电池组成。

它能将各种不同的被测量（如电流、电压、电阻等）、不同的量程，经过一系列的处理（如整流、分流、分压等）统一变成一定量限的微小直流电流送入表头进行测量。

（3）转换开关。转换开关的作用是用来选择各种不同的测量电路，以满足不同种类和不同量程的测量要求。转换开关一般有两个，分别标有不同的挡位和量程。

2. 符号含义

（1）∽表示交直流。

（2）V-2.5kV 4000Ω/V 表示对于交流电压及 2.5kV 的直流电压挡，其灵敏度为 4000Ω/V。

（3）A-V-Ω 表示可测量电流、电压及电阻。

（4）45-65-1000Hz 表示使用频率范围为 1000Hz 以下，标准工频范围为 50Hz。

（5）20 000Ω/V DC 表示直流挡的灵敏度为 20 000Ω/V。

3. 万用表的使用

（1）熟悉表盘上各符号的意义及各个旋钮和选择开关的主要作用。

（2）进行机械调零。

（3）根据被测量的种类及大小，选择转换开关的挡位及量程，找出对应的刻度线。

（4）选择表笔插孔的位置。

（5）测量电压。测量电压（或电流）时要选择好量程，如果用小量程去测量大电压，则会有烧表的危险；如果用大量程去测量小电压，那么指针偏转太小，无法读数。量程的选择应尽量使指针偏转到满刻度的 2/3 左右。如果事先不清楚被测电压的大小，应先选择最高量程挡，然后逐渐减小到合适的量程。

1）交流电压的测量。将万用表的一个转换开关置于交、直流电压挡，另一个转换开关置于交流电压的合适量程上，万用表两表笔和被测电路或负载并联即可。

2）直流电压的测量。将万用表的一个转换开关置于交、直流电压挡，另一个转换开关置于直流电压的合适量程上，且"＋"表笔（红表笔）接到高电位处，"－"表笔（黑表笔）接到低电位处，即让电流从"＋"表笔流入，从"－"表笔流出。若表笔接反，表头指针会反方向偏转，容易撞弯指针。

（6）测电流。测量直流电流时，将万用表的一个转换开关置于直流电流挡，另一个转换开关置于 $50\mu A$ 到 $500mA$ 的合适量程上，电流的量程选择和读数方法与电压一样。测量时必须先断开电路，然后按照电流从"＋"到"－"的方向，将万用表串联到被测电路中，即电流从红表笔流入，从黑表笔流出。如果误将万用表与负载并联，因表头的内阻很小，则会造成短路烧毁仪表。其读数方法如下：

$$实际值＝指示值\times量程/满偏$$

（7）测电阻。用万用表测量电阻时，应按下列方法操作。

1）选择合适的倍率挡。万用表欧姆挡的刻度线是不均匀的，所以倍率挡的选择应使指针停留在刻度线较稀的部分为宜，且指针越接近刻度尺的中间，读数越准确。一般情况下，应使指针指在刻度尺的 $1/3\sim2/3$ 位置。

2）欧姆调零。测量电阻之前，应将两个表笔短接，同时调节"欧姆（电气）调零旋钮"，使指针刚好指在欧姆刻度线右边的零位。如果指针不能调到零位，说明电池电压不足或仪表内部有问题。并且每换一次倍率挡，都要再次进行欧姆调零，以保证测量准确。

3）读数。表头的读数乘以倍率，就是所测电阻的电阻值。

4. 注意事项

（1）在测电流、电压时，不能带电换量程。

（2）选择量程时，要先选大的，后选小的，尽量使被测值接近于量程。

（3）测电阻时，不能带电测量。因为测量电阻时，万用表由内部电池供电，如果带电测量则相当于接入一个额外的电源，可能损坏表头。

（4）用毕，应使转换开关在交流电压最大挡位或空挡上。

## 二、数字式万用表

目前，数字式测量仪表已成为主流，有取代指针式仪表的趋势。与指针式仪表相比，数字式仪表灵敏度高，准确度高，显示清晰，过载能力强，便于携带，使用更简单。下面以 DT 9202 型数字式万用表为例，如图 3-2 所示，介绍其使用方法和注意事项。

1. 操作前注意事项

（1）将 ON-OFF 开关置于 ON 位置，检查 9V 电池，如果电池电压不足，在显示器上将显示 ，这时则应更换电池。

（2）测试表笔插孔旁边的 符号，表示输入电压或电流不应超过标示值，这是为保护内部线路免受损伤。

（3）测试前，功能开关应放置于所需量程上。

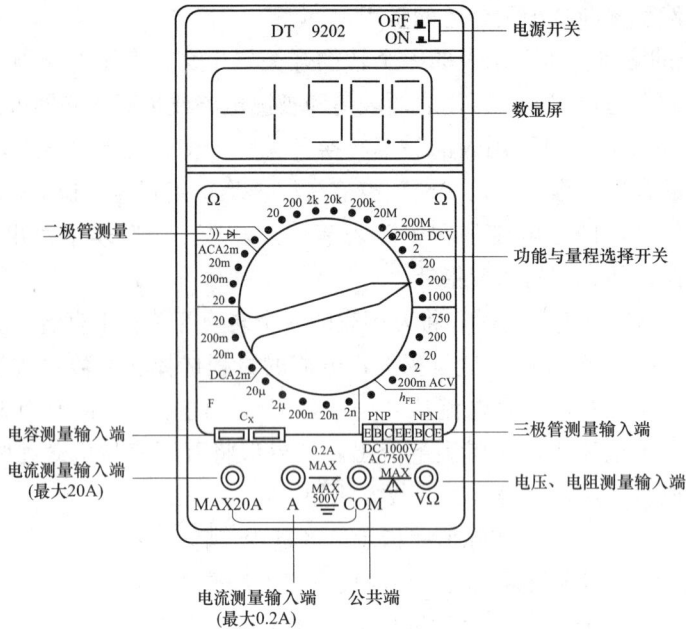

图 3-2 数字式万用表

2. 电压测量注意事项

（1）如果不知道被测电压范围，将功能开关置于大量程并逐渐降低量程，不能在测量中改变量程。

（2）如果显示"1"，表示过量程，功能开关应置于更高的量程。

（3）⚠ 表示不要输入高于万用表要求的电压，显示更高的电压只是可能的，但有损坏内部线路的危险。

（4）当测高压时，应特别注意避免触电。

3. 电流测量注意事项

（1）如果使用前不知道被测电流范围，将功能开关置于最大量程并逐渐降低量程，不能在测量中改变量程。

（2）如果显示器只显示"1"，表示过量程，功能开关应置于更高量程。

（3）⚠ 上表示最大输入电流为 200mA 或 20A，取决于所使用的插孔，过大的电流将烧坏熔丝，20A 量程无熔丝保护。

4. 电阻测量注意事项

（1）如果被测电阻值超出所选择量程的最大值，将显示过量程"1"，应选择更高的量程，对于大于 1MΩ 或更高的电阻，要几秒钟后读数才能稳定，对于高阻值读数这是正常的。

（2）当无输入时，如开路情况，显示为"1"。

（3）当检查内部线路阻抗时，要保证被测线路所有电源断电，所有电容放电。

（4）200MΩ 短路时约有 4 个数字，测量时应从读数中减去，如测 100MΩ 电阻时，显示为 101.0，第四个字应被减去。

5. 电容测试注意事项

（1）仪器本身已对电容挡设置了保护，在电容测试过程中，不用考虑电容极性及电容充放电等情况。

（2）测量电容时，将电容插入电容测试座中（不要通过表笔插孔测量）。

（3）测量大电容时，稳定读数需要一定时间。

（4）单位：$1pF=10^{-6}\mu F$，$1nF=10^{-3}\mu F$。

6. 数字万用表保养注意事项

数字万用表是一种精密电子仪表，不要随意更改线路，并注意以下几点。

（1）不要超量程使用。

（2）不要在电阻挡或━━┥┝━━挡时，测量电压信号。

（3）在电池没有装好或后盖没有上紧时，请不要使用此表。

（4）只有在测试表笔从万用表移开并切断电源后，才能更换电池和熔丝。如果需要更换电池，打开后盖螺钉，用同一型号电池更换；更换熔丝时，请使用相同型号的熔丝。

### 实训内容及要求

1. 熟悉指针式万用表的构成，进行不同挡位测试。

2. 熟悉数字式万用表的构成，进行不同挡位测试。

3. 操作过程中，应注意万用表的安全，不能损坏仪器、仪表。

## 分块二　绝缘电阻表的使用

绝缘电阻表又称摇表、兆欧表，是一种不带电测量电器设备及线路绝缘电阻的便携式仪表，如图 3-3 所示。绝缘电阻是否合格是判断电气设备能否正常运行的必要条件之一。绝缘电阻表的读数以兆欧为单位（$1M\Omega=10^6\Omega$）。绝缘电阻表的选用，主要是选择绝缘电阻表的电压及其测量范围，常见的有 500、1000V 和 2500V 等。

1. 选择的原则

（1）额定电压等级的选择。一般情况下，额定电压在 500V 以下的设备，应选用 500V 或 1000V 的绝缘电阻表；额定电压在 500V 以上的设备，选用 1000~2500V 的绝缘电阻表。

（2）电阻量程范围的选择。绝缘电阻表的表盘刻度线上有两个小黑点，小黑点之间的区域为准确测量区域。所以在选表时应使被测设备的绝缘电阻值在准确测量区域内。

2. 测量前的准备

（1）测量前必须切断被测设备的电源，并接地短路放电。

图 3-3　绝缘电阻表

（2）有可能感应出高压的设备，在可能性没有消除以前，不可进行测量。

（3）被测物的表面应擦干净，消除外界电阻影响。

（4）绝缘电阻表放置平稳，放置的地方远离大电流的导体和有外磁场的场所，以免影响读数。

（5）验表。以 90～130r/min 转速摇动手柄，若指针偏到"∞"，则停止转动手柄；将表夹短路，慢摇手柄，若指针偏到"0"，则说明该表良好，可用。特别要指出的是，绝缘电阻表指针一旦到 0，应立即停止摇动手柄，否则将使表损坏。此过程又称校零和校无穷，简称校表。

3. 接线

一般绝缘电阻表上有以下三个接线柱。

（1）接线柱"L"："线"（或"相线"），在测量时与被测物和大地绝缘的导体部分相接。

（2）接线柱"E"："地"，在测量时与被测物的外壳或其他导体部分相接。

（3）接线柱"G"：保护环，在测量时与被测物上保护屏蔽环或其他不需测量的部分相接。

一般测量时只用"线"和"地"两个接线柱，"保护"接线柱只在被测物表面漏电很严重的情况下才使用，接线如图 3-4 所示。

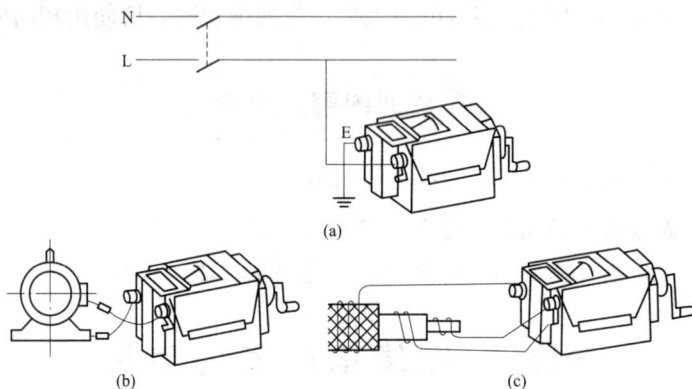

图 3-4  绝缘电阻表的接线方法
（a）接线方式（一）；（b）接线方式（二）；（c）接线方式（三）

线路接好后，可按顺时针方向转动摇把，摇动的速度应由慢而快，当转速达 120r/min 左右时（ZC-25 型），保持匀速转动，1min 后读数，并且要边摇边读数，不能停下来读数。

4. 拆线放电

读数完毕，一边慢摇，一边拆线，然后将被测设备放电。放电方法是将测量时使用的地线从绝缘电阻表上取下来与被测设备短接一下即可（不是绝缘电阻表放电）。

5. 注意事项

（1）禁止在雷电时或高压设备附近测绝缘电阻，只能在设备不带电，也没有感应电的情况下测量。

（2）因绝缘电阻表是一个发电机，摇测过程中，不可触摸接线端，被测设备上更不能有人工作，以防电击。

（3）绝缘电阻表线不能绞在一起，要分开。

（4）测量结束时，对于大电容设备要放电。

（5）要定期校验其准确度。

## 实训内容及要求

1. 按要求正确地使用绝缘电阻表，会测量电动机、变压器、电缆等绝缘电阻值。

2. 操作过程中，应注意绝缘电阻表及人身安全，不能损坏仪器、仪表。

# 分块三 钳形电流表的使用

钳形电流表是一种用于测量正在运行的电气线路的电流大小的仪表，可在不断电的情况下测量电流。常用的钳形电流表有指针式和数字式两种。指针式钳形电流表测量的准确度较低，通常为 2.5 级或 5 级。数字式钳形电流表测量的准确度较高，外形如图 3-5 所示。用外接表笔和挡位转换开关相配合，还具有测量交/直流电压、直流电阻和工频电压频率的功能。

1. 结构和原理

钳形电流表实质上是由一只电流互感器、钳形扳手和一只整流式磁电系有反作用力仪表组成。

2. 使用方法

（1）根据被测电流的种类和线路的电压，选择合适型号的钳形电流表，测量前首先必须调零（机械调零）。

（2）钳口表面应清洁无污物、锈蚀。当钳口闭合时应密合，无缝隙。

（3）选择合适的量程，先选大，后选小量程或看铭牌值估算。更换量程时，应先张开钳口，再转动测量开关，否则，会产生火花烧坏仪表。

图 3-5 钳形电流表

（4）当使用最小量程测量，其读数还不明显时，可将被测导线绕几匝，匝数要以钳口中央的匝数为准，读数＝指示值×量程/满偏×匝数。

（5）测量时，应使被测导线处在钳口的中央，并使钳口闭合紧密，以减少误差。

（6）测量完毕，要将转换开关放在最大量程处。

3. 注意事项

（1）被测线路的电压要低于钳形电流表的额定电压，以防绝缘击穿、人身触电。

（2）测量前应估计被测电流的大小，选择适当的量程，不可用小量程去测量大电流。测高压线路的电流时，要戴绝缘手套，穿绝缘鞋，站在绝缘垫上。

（3）每次测量只能测量一根导线。测量时应将被测导线置于钳口中央部位，以提高测量准确度。测量结束应将量程调节到最大位置，以便下次安全使用。

（4）钳口要闭合紧密，不能带电换量程。

## 实训内容及要求

1. 按要求正确地使用钳形电流表，会测量三相异步电动机的定子电流。
2. 操作过程中，应注意钳表及人身安全，不能损坏仪器、仪表。

# 分块四 电桥的使用

电桥内附晶体管放大检流计和工作电源，适合于工矿企业、实验室或车间现场以及野外工作场所作直流电阻测量之用。用来测量其范围内的直流电阻、金属导体的电阻率、导线电阻、直流分流器电阻、开关、电器的接触电阻及各类电动机、变压器的绕线电阻和温升实验等。图3-6为QJ31单双臂电桥外形图。

## 一、直流电桥原理及使用

直流电桥又称惠斯登电桥，是一种测量1Ω以上大电阻的测量仪器，其原理电路如图3-7所示。图中ac、cb、bd、da4条支路称为电桥的4个臂。其中一个臂连接被测电阻$R_x$，其余三个臂连接标准电阻，在电桥的对角线cd上连接指零仪表，另一条对角线ab上连接直流电源。在电桥工作时，调节电桥的一个臂或几个臂的电阻，使检流计的指针指示为零，这时，表示电桥达到平衡。在电桥平衡时，c、d两点的电位相等。

$$U_{ac}=U_{ad} \qquad U_{cb}=U_{db}$$

即

$$I_1R_1=I_4R_4 \qquad I_2R_2=I_3R_3$$

将这两式相除，得

$$\frac{I_1R_1}{I_2R_2}=\frac{I_4R_4}{I_3R_3}$$

当电桥平衡时，$I_0=0$，所以

$$I_1=I_2,\ I_3=I_4$$

代入上式得

$$R_1R_3=R_2R_4$$

上式是电桥平衡的条件。它表明，在电桥平衡时，两相对桥臂上电阻的乘积等于另外两相对桥臂上电阻的乘积。根据这个关系，在已知三个臂电阻的情况下，就可确定另外一个臂的被测电阻的阻值。

设被测电阻$R_x$是位于第一个桥臂中，则有$R_x=R_4\dfrac{R_2}{R_3}$。

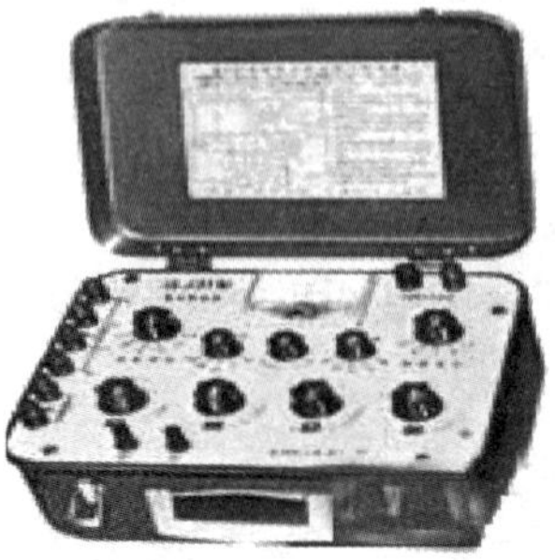

图3-6　QJ31单双臂电桥 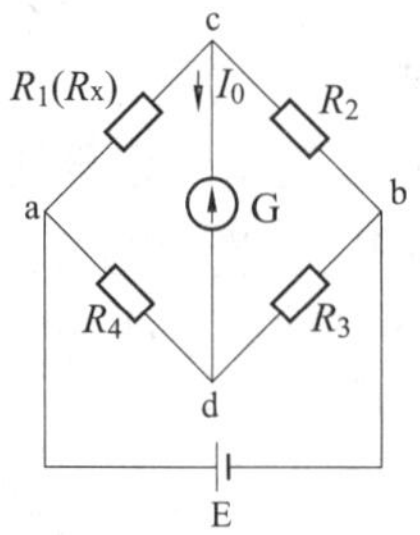　　　　图3-7　直流电桥原理电路

G—检流计；$R_1$—被测电阻；$R_2$、$R_3$、$R_4$—标准电阻；E—直流电源

1. 使用步骤及注意事项

利用电桥测量电阻是一种比较精密的测量方法，若使用不当，不仅不可能达到应有的准确度，而且有使仪器设备受到损害的危险，因此下面介绍电桥使用的步骤及其注意事项。

（1）根据被测电阻的大致范围和对测量准确度的要求选择电桥。

（2）如果检流计需要外接，在选用检流计时灵敏度也要选择合适，如果灵敏度太大，则电桥平衡困难、费时，灵敏度太小，又达不到应有的测量精度。一般检流计灵敏度的选择原则是：在调节电桥最低一挡时，检流计有明显变化就可以了，不必要求过高。

（3）使用电桥时，先将检流计锁扣打开，若指针或光点不在零位，应调节到零位。

（4）连接线路，将被测电阻 $R_x$ 接到标有 $R_x$ 的两个接线柱上。若外接直流电源，其正极接面板上的"＋"端钮，负极接面板上的"－"端钮。

（5）根据估算电阻选择电桥倍率，倍率的选择应使 4 个"比较臂"得到充分利用，以提高读数的精度。

（6）电源的选择要依据当选倍率，一般电桥铭牌上有使用说明。电源选择完后，若检流计指针发生偏转，还应调节调零旋钮，使指针调到零。

（7）将电源按钮"B"按下并锁住，然后根据估算被测电阻，调节最大一挡比较臂，设定对应数值，其余三个比较臂放在"零"位。

（8）试触检流计按钮"G"，若指针朝正偏转，说明比较臂设置小了，应增大比较臂，继续试触检流计按钮，若指针还朝正偏，继续增大比较臂，直到检流计指针向负偏，然后将比较臂调回上一挡，调节下一个比较臂。注意，当比较臂增大到最大一挡时，检流计还正偏，说明倍率小了，还应增大倍率，重新调节电源和比较臂。若一开始指针朝负偏转，说明比较臂大了，需要减小比较臂。依次调节 4 个比较臂，直到检流计指针指示在零位。

（9）读数并计算被测电阻的数值，$R_x=$ 倍率×比较臂的读数（Ω）。

（10）测量完毕，应先松开检流计按钮"G"，再松开电源按钮"B"。

（11）使用完毕后，应将检流计锁扣锁上。

2．电桥的简单维护

（1）每次使用前，必须将转盘来回旋转几次，使电刷与电阻丝接触良好，并把插塞插紧，用后必须将插塞拔出放松。

（2）必须定期清洗开关、电刷的接触点，清洗周期可按使用的频率情况来确定，一般1～3 个月一次，但每次检验前必须进行清洗。清洗时先用稠布擦洗接触点和电刷上污物，然后用无水酒精清洗，再涂上一层薄薄的凡士林或其他防锈油。

（3）电桥不应受阳光和发热物体的直接照射，用毕要用盖子盖好。

（4）注意不要让细小的金属物特别是导线的断股铜丝掉入电桥内，以免造成短路或降低其绝缘水平。

（5）若电桥的准确度降低，或因故障而不能工作，其原因可能有以下几种。

1）内附检流计故障，或线圈烧坏，或悬丝、指针断裂。

2）各转盘的机械部分故障，或接触松弛或插孔接触不严密。

3）桥臂电阻元件因受潮霉坏或过载而变质或烧损等。

4）若通过内附电池使用，电池电压可能降低或失效，应更换电池。

## 二、直流双臂电桥原理及使用

直流双臂电桥（又称凯尔文电桥）是一种测量 1Ω 以下小电阻的常用测量仪器，测量精度较高。在电气工程中，如测量金属的电导率、分流器的电阻、电动机和变压器绕组的电阻以及各类低阻值线圈的电阻等，都属于小电阻的范围。测量这种小电阻时，连接线的电阻、接头的接触电阻（这种电阻一般为 $10^{-4}\sim10^{-3}\,\Omega$ 的数量级），将给测量结果带来不允许的误差。因此，接线电阻和接触电阻的存在是测量小电阻的主要矛盾。在测量小电阻时，就必须想办法消除或减小接线电阻和接触电阻对测量结果的影响。单电桥虽然准确度高，但在测量小电阻时，被测小电阻接入单电桥作为一个臂以后，该桥臂中的接线电阻和接触电阻的数值可能与被测小电阻有同一数量级，甚至还大些，因此得到的测量结果是极不可信的。可见，在采用单电桥测量小电阻时，连接线的电阻和接线柱的接触电阻将给测量结果带来很大的误差。直流双电桥就可以解决上述问题。

图 3-8 是直流双电桥的电路原理。图中 $R_n$ 为标准电阻，作为电桥的比较臂，$R_x$ 为被测电阻。标准电阻 $R_n$ 和被测电阻 $R_x$ 备有一对"电流接头"，如 $R_n$ 上的 $C_{n1}$ 和 $C_{n2}$，$R_x$ 上的 $C_{x1}$ 和 $C_{x2}$，还备有一对"电位触头"，如 $R_n$ 上的 $P_{n1}$ 和 $P_{n2}$，$R_x$ 上的 $P_{x1}$ 和 $P_{x2}$。接线时要特别注意，一定要使电位的引出线之间只包含被测电阻 $R_x$，否则就达不到排除和减小连线电阻与接触电阻对测量结果的影响的目的。因此，一般电流接头要接在电位接头的外侧。电阻 $R_n$ 和 $R_x$ 用一根粗导线 $R$ 连接起来，并和电源组成一闭合回路。在它们的"电位接头"上，则分别与桥臂电阻 $R_1$、$R_2$、$R_3$、$R_4$ 相连接，桥臂电阻 $R_1$、$R_2$、$R_3$、$R$ 的电阻值应不低于 $10\Omega$。当电桥达到平衡时，通过检流计中电流 $I_0=0$，C、D 两点电位相等，连接 $R_n$ 和 $R_x$ 的粗导线的电阻为 $R$，根据克希霍夫第二定律，可以得出下列方程组：

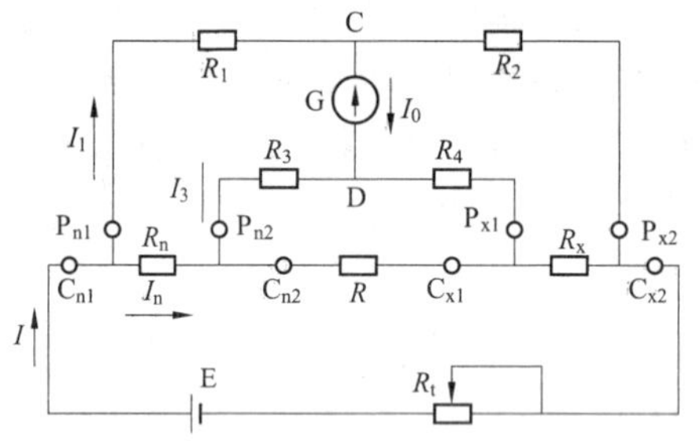

图 3-8　直流双电桥电路原理

G—检流计；E—直流电源；$R_1$、$R_2$、$R_3$、$R_4$—桥臂电阻；$R_n$—标准电阻；

$R_x$—被测电阻；$R_t$—调节电阻；C—电流接头；P—电位接头

$$\begin{cases} I_1 R_1 = I_n R_n + I_3 R_3 \\ I_1 R_2 = I_n R_x + I_3 R_4 \\ (I_n - I_3)R = I_3(R_3 + R_4) \end{cases}$$

解方程组，可得出：

$$R_x = \frac{R_2}{R_1}R_n + \frac{RR_2}{R+R_1+R_4}\left(\frac{R_3}{R_1} - \frac{R_4}{R_2}\right)$$

在制造电桥时，使得电桥在调节平衡过程中总是保持 $\dfrac{R_3}{R_1}=\dfrac{R_4}{R_2}$，那么上式右边包含有电阻 $R$ 的部分总是等于零。被测电阻 $R_x=\dfrac{R_2}{R_1}R_n$。为了保证电桥在平衡中 $R_3/R_1$ 恒等于 $R_4/R_2$，通常都采用两个机械连动的转换开关，同时调节 $R_1$ 与 $R_3$、$R_2$ 与 $R_4$，使得 $R_3/R_1$、$R_4/R_2$ 总是保持相等。

由上面的讨论可得如下结论：利用双电桥测量电阻时，如果测量时能保证 $\dfrac{R_3}{R_1}=\dfrac{R_4}{R_2}$，同时选择 $R_1$、$R_2$、$R_3$ 和 $R_4$ 都大于 $10\Omega$，而且 $R_n$ 和 $R_x$ 按电流接头和电位接头正确连接，那么就可以排除或大大减小接线电阻和接触电阻对测量结果的影响。

使用双电桥注意事项如下。

(1) 在使用双电桥时，连接被测电阻应有 4 根导线，电流接头与电位接头应连接正确。被测电阻电位接头更靠近被测电阻。

(2) 选用标准电阻时，尽量使其与被测电阻在同一数量级，最好满足 $0.1R_x<R_n<10R_x$。

(3) 双电桥的电源最好采用容量大的蓄电池，电压为 $2\sim4V$。为了使电源回路的电流不致过大而损坏标准电阻和被测电阻，在电流回路中应接有一个可调电阻和直流安培表。在进行精密测量时，要求对应不同被测电阻，调整电源电压，以提高其灵敏度，但是电源电压必须与桥路电阻的容许功率相适应，不能盲目升高电源电压。

目前，我国已生产多种类型的单双两用电桥，它既可用作双桥来测量 $10^{-6}\sim10\Omega$ 电阻，又可用作单桥来测量 $1\sim10^6\Omega$ 电阻。其线路的换接极其简单，它是依靠一个插塞插入标有"单"或"双"字的插孔来实现的。这种两用电桥给测量带来了很大的方便。

### 实训内容及要求

1. 用电桥测量电动机绕组（或交流接触器线圈）的电阻。
2. 操作过程中，应注意仪表安全，不能损坏仪器、仪表。

# 分块五 示波器的使用

示波器是一种用途很广泛的电子测量仪器。利用它可以测出电信号的一系列参数，如信号电压（或电流）的幅度、周期（或频率）、相位等。SG4320A 型示波器是一种双通道示波器，其频带宽度为 20MHz，面板如图 3-9 所示，介绍示波器的使用。

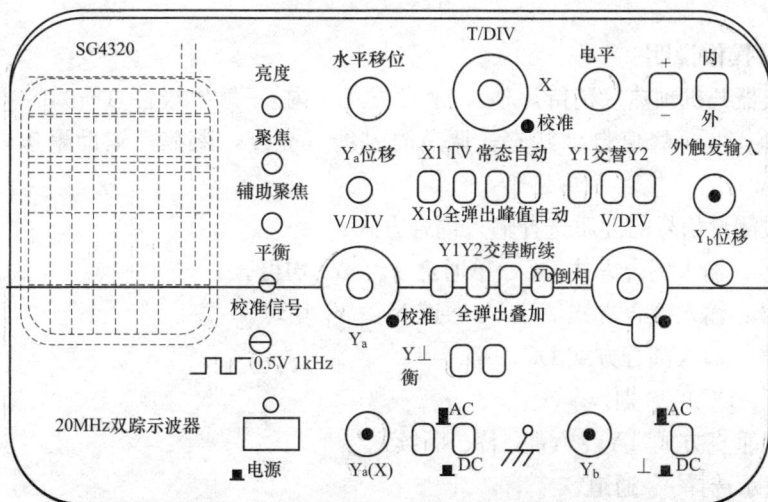

图 3-9 SG4320A 型示波器面板结构

## 一、基本构造

示波器主要由电子枪、偏转系统、荧光屏三部分组成。

电子枪：产生电子束。

偏转系统：控制电子束上下左右移动，实现扫描。若无偏转系统，屏幕上显示一个亮点。没有输入信号，显示水平线，没有锯齿波扫描电压，显示一条垂直线，如图3-10所示。

荧光屏：显示电子束移动踪迹。

屏幕上标有坐标系，其基本单位是格。横坐标共有10格，纵坐标共有8格。其中每一大格又分为5小格，读数准确到0.2格。

控制纵坐标刻度的旋钮称为垂直灵敏度，基本单位是V/DIV（每格多少伏），其功能是控制信号在屏幕显示的幅度大小，挡位越大，显示幅度越低，反之，越高；控制横坐标刻度的旋钮称为水平灵敏度，基本单位是T/DIV（每格多少时间），其功能是控制信号在屏幕显示周期宽度大小，挡位越大，周期宽度越窄（显示波形越密），反之，越宽（信号显示越疏）。

控制垂直灵敏度的选择，使信号在屏幕上显示的幅度占屏幕的1/3～2/3，为3～6格，控制水平灵敏度选择，使信号在屏幕上显示2～3个周期，显示幅度如图3-11所示。

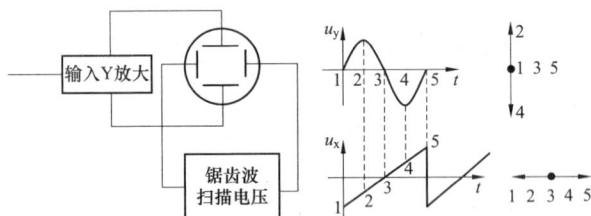

图3-10  示波器波形显示原理图      图3-11  波形电压及周期显示幅度

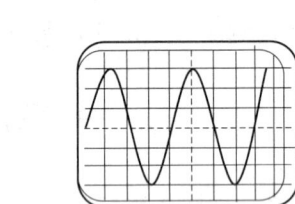

## 二、面板操作说明

(1) 示波器开机预热（稍待片刻），触发方式（内），触发极性（＋），（－）也可以，两者相位相差180°，峰值自动状态，调节时基线（亮度，聚焦，辅助聚焦，上下移位，水平移位）。

(2) 据被测量信号的性质选择输入耦合方式：

直流信号：输入耦合方式DC，单通道$Y_a$、$Y_b$均可。

交流信号：输入偶合方式AC，单通道$Y_a$、$Y_b$均可。

脉冲信号：输入耦合方式DC、AC。

注意AC、DC的区别。

(3) 选择垂直方式（$Y_a$、$Y_b$交替、断续）。

1) $Y_a$表示选择$Y_a$通道。

2) $Y_b$表示选择$Y_b$通道。

3）交替表示两个通道都选择。

4）断续和交替功能相同，不过显示波形有区别，另外断续的选择只有在交替显示时波形出现闪烁才引用。

5）都不选择，4个按钮全弹出，表示 $Y_a+Y_b$，实现两个通道内信号的叠加，另外若把 $Y_b$ 反相按钮按下，可以实现 $Y_a-Y_b$。

（4）触发源的选择。

1）触发源的选择有两种，一种是"外"，需要外加触发输入信号，通过面板上外触发输入插座输入触发信号；另一种是"内"，由内触发源开关控制。

2）内触发源选择（$Y_a$、$Y_b$、交替）：

① $Y_a$ 触发：触发源取自通道 A。

② $Y_b$ 触发：触发源取自通道 B。

③ 内触发受控于垂直方式的选择，当垂直方式选择 $Y_a$ 时，内触发选择 $Y_a$，当垂直方式选择 $Y_b$ 时，内触发选择 $Y_b$，当垂直方式选择交替或断续时选择 $Y_a$、$Y_b$ 均可。

（5）水平系统的操作。

1）扫描速度的设定（水平灵敏度的选择），调节水平灵敏度旋钮，观察屏幕波形使荧光屏显示出 2～3 个周期的波形（注意：微调在最大位置校准）。

2）扫描扩展：被测信号波形扩展 10 倍的周期，此时按下扫描扩展按钮，可以观察扩展和未被扩展的波形，调节扫线分离旋钮，可以改变两扫线间的距离，以便适于观察。

3）触发方式的选择（自动、常态、电视场、峰值自动）。

常态：无信号输入时，屏幕上无光迹；有信号输入时，触发电平调节在合适位置电路触发扫描，适于测量 20Hz 以下信号。

自动：无信号输入时，屏幕上有光迹；有信号输入时，触发电平调节在合适位置电路触发扫描，适于测量 20Hz 以上信号。

电视场：对电视中的场信号进行同步，在这种方式下被测信号是同步信号为负极性的电视场信号，如果是正极性，则可以由 $Y_b$ 输入，借助于 $Y_b$ 倒相。

峰值自动：这种方式同自动方式，无须调节电平即能同步，但对频率较高的信号，有时也要借助于电平调节，它的触发灵敏度要比"常态"和"自动"稍低一些。

4）极性的选择（＋、－）。"＋"表示被测信号的上升沿触发，"－"表示被测信号的下降沿触发。

5）电平的设置。用于调节被测信号在某一合适的电平上起动扫描，使测量信号和扫描系统同步，当产生触发扫描后"触发指示"灯亮。

6）垂直系统的操作。调节垂直灵敏度旋钮使荧光屏上显示出波形垂直幅度 3～6 个格的波形（占据屏幕高度的 1/3～2/3）。微调在最大位置。

### 三、功能介绍（测量）

为了得到较高的测量精度，减少测量误差，在测量前应对以下项目进行检查和调整。

1. 平衡

在正常情况下，屏幕上显示的水平光迹与水平刻度平行，但由于地球磁场与其他因素的影响，会使水平迹线产生倾斜，给测量造成误差，因此使用前可按下列步骤调整。

（1）预置示波器面板上的控制件，使屏幕上获得一根水平扫描线，触发方式（内），触发极性（＋），（－）也可以，两者相位相差180°，峰值自动状态，调节时基线（亮度，聚焦，辅助聚焦）。

（2）调节上下移位，水平移位，使时基线处于垂直中心的刻度线上。

（3）检查时基线与水平刻度线是否平行，如果不平行，用螺丝刀调整前面板"平衡"控制器。

2. 探极补偿

用探极接入输入插座，并与本机校准信号连接（方波：频率1000Hz，电压0.5Vp-p）测量方波信号，屏幕上应显示方波，若失真，调节探极上补偿元件（见图3-12）。

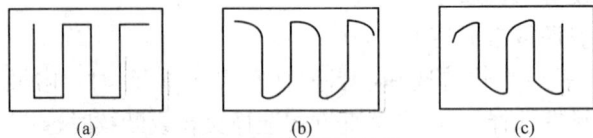

图3-12 探极补偿

（a）补偿适中；（b）过补偿；（c）欠补偿

3. 电压测量（垂直系统）

（1）交流峰值测量（峰—峰电压测量，如图3-13所示）。

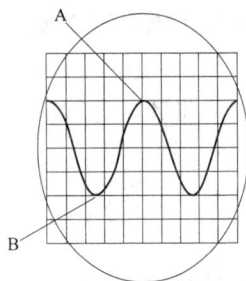

图3-13 峰—峰电压测量

1）信号接入Y1或Y2插座，将垂直方式置于被选用的通道。

2）调节垂直灵敏度旋钮，观察屏幕波形，使显示波形占据屏幕的1/3～2/3，微调顺时针拧足（校正位置）并记下此时垂直灵敏度所在挡位。

3）调整电平使波形稳定（如果是峰值自动，无须调节电平）；

4）调节水平扫速开关（水平灵敏度），使屏幕显示2～3个周期的信号波形，微调顺时针拧足（校正位置）并记下此时扫速开关所在挡位。

5）调整水平位移，使波形顶部在屏幕中央的垂直坐标上。

6）调整垂直移位，使波形底部冲准某一水平坐标。

7）读出底部到顶部之间的格数。

8）按下面公式计算被测信号的峰—峰电压。

$$V_{p-p} = 垂直方向的格数（格）\times 垂直偏转因数（垂直灵敏度）(V/格)$$

（2）直流电压测量。

1）设置面板控制器，使屏幕上显示一扫描基线。

2）设置被选用通道的耦合方式为"⊥"。

3）调节垂直移位，使扫描基线与水平中心刻度线重合，定义此为参考地电平。

4）将被测信号馈入被选用通道插座。

5）将耦合方式置于"DC"，调节垂直灵敏度旋钮，使波形显示在屏幕中一个合适的位置上，微调顺时针拧足（校准位置）。

6）读出被测量电平便移参考地线的格数。

7）按下列公式计算被测量直流电压值。

V＝垂直方向格数（格）×垂直偏转因数（垂直灵敏度)(V/格)×偏转方向（＋或－）

### 4. 代数叠加

当需要测量两个信号的代数和或差，可根据下列步骤操作。

（1）设置垂直方式为"交替"或"断续"（根据信号频率），$Y_b$ 倒相常态，即 $Y_b$ 为正极性。

（2）将两个信号分别输 $Y_a$ 和 $Y_b$ 输入插座。

（3）调节垂直灵敏度旋钮使两个信号的显示幅度适中，调节垂直移位使两个信号波形处于屏幕的中央。

（4）将垂直方式置于"叠加"（4 个按钮全弹出），即得到两个信号的代数和显示；若需观察两个信号的代数差，则将 $Y_b$ 倒相键按下。

### 5. 时间测量

（1）时间间隔的测量。对于一个波形中两点间时间间隔的测量，可按下列步骤进行。

1）将信号馈入 $Y_a$ 或 $Y_b$ 输入插座，设置垂直方式为被选通通道。

2）调整电平使波形稳定显示（如峰值自动，则无须调节电平）。

3）调整扫速开关（水平灵敏度），使屏幕上显示 1～2 个信号周期。

4）分别调节垂直移位和水平位移，使波形中需测量的两点位于屏幕中央水平刻度线上。

5）测量两点之间的水平刻度，按下列公式计算出时间间隔。

$$时间间隔＝\frac{两点之间水平距离（格）×扫描时间因数（时间/格）}{水平扩展倍数}$$

（2）周期和频率的测量。在时间间隔测量中，若两点间隔为一个周期距离，则所测时间间隔为一个周期 $T$，该信号的频率 $f＝1/T$。

（3）上升沿或下降沿的测量。测量方法和时间的测量方法一样，只不过是测量被测波形幅度的 10%～90% 两处之间的距离。

（4）相位差的测量，如图 3-14 所示。

1）将两个信号分别接入 $Y_a$ 和 $Y_b$ 输入插座，垂直方式为"交替"或"断续"（据频率不同而定）。

2）设置触发源置参考信号的通道。

3）调整垂直灵敏度旋钮和微调控制器（最大），使显示波形幅度一致。

4）调整电平使波形稳定。

5）调整扫速开关（水平灵敏度）使两个波形各显示 1～2 个信号周期。

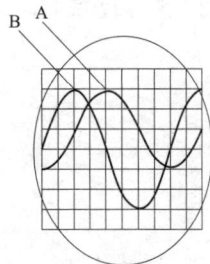

图 3-14　相位差测量图示

6）测量出信号一个周期所占据的格数 $M$，则每格度数 $N＝360/M$。

7）测量出两个波形相对应位置上水平距离（格）。

8）按下列公式计算出两个信号的相位差。

$$相位差＝水平距离（格）×N$$

6. 电视场信号的测量（显示电视同步脉冲信号）

（1）将垂直方式置于"$Y_a$"或"$Y_b$"，（最好选择"$Y_b$"）将电视信号馈送至被选中的通道输入插座。

（2）将触发方式置于"TV"，并将扫速开关置于 2MS/DIV。

（3）观察屏幕上显示是否负极性同步脉冲信号，如果不是，可将该信号送至"$Y_b$"通道，并将 $Y_b$ 倒相键按下，使正极性同步脉冲的电视信号倒相为负极性的同步脉冲信号。

（4）调整垂直灵敏度旋钮，使屏幕显示合适波形。

（5）如果需仔细观察电视场信号，则可将水平扩展×10。

7. $X$-$Y$ 方式

当按下 $X$-$Y$ 操作键 $Y_a$-$X$ 时，本机可作为示波器使用，此时 $Y_a$ 作 $X$ 轴，$Y_b$ 作 $Y$ 轴。

### 四、电子测量仪器的维护和保养

电子测量仪器如示波器、信号发生器等，都是由晶体管、集成电路或电子管电路组成（老式）的。必须注意日常的维护和保养，才能保持良好的工作状态，延长使用寿命。

（1）应有专人负责保管维护。

（2）仪器要安全放在干燥通风的地方。

（3）使用中避免剧烈震动，周围不应置有强电磁设备。

（4）长期不用的仪器应定期通电，一般至少 3 个月通电一次，每次 4～8h。若存放环境差，应增加通电次数。

（5）经常清扫仪器内部的积尘，尤其是风扇滤网等；清扫时必须拔下电源插头，然后打开机壳，使用吸尘器或皮老虎清扫。

（6）按规定要求定期对仪器进行校正工作。

### 实训内容及要求

1. 用示波器测量正弦波电压幅值和周期。

2. 操作过程中，应注意示波器安全，不能损坏仪器、仪表。

# 模块四
# 常用低压电器

在港口一线或船舶及其他工矿企业的电气控制设备中，会用到许多各种各样的低压电器。因此，低压电器是电气控制中的基本组成元件，控制系统的优劣和低压电器的性能有直接的关系。作为电气工程技术人员，应该熟悉低压电器的结构、工作原理和使用方法。可编程控制器在电气控制系统中需要大量的低压控制电器才能组成一个完整的控制系统，因此熟悉低压电器的基本知识是学习可编程控制器的基础。

### 知识目标

熟悉常用低压电器的结构、工作原理、用途、电气符号、型号及主要参数。

### 能力目标

能正确选用、拆装、检测和维修常用低压电器。

### 器材准备

各种型号刀开关、低压断路器、组合开关、倒顺开关、交流接触器、电流继电器、中间继电器、时间继电器、热继电器、速度继电器、按钮、行程开关、接近开关、万能转换开关、主令控制器、凸轮控制器、熔断器、电磁制动器等，常用电工工具，万用表。

## 分块一　低压电器概述

凡是对电能的生产、输送、分配和使用起控制、调节、检测、转换及保护作用的电工器械均可称为电器。低压电器是指额定电压等级在交流 1200V、直流 1500V 以下的电器。

在我国工业控制电路中最常用的三相交流电压等级为 380V，只有在特定行业环境下才用其他电压等级，如煤矿井下的电钻用 127V、运输机用 660V、采煤机用 1140V 等。

单相交流电压等级最常见的为 220V，机床、热工仪表和矿井照明等采用 127V 电压等级，其他电压等级如 6、12、24、36V 和 42V 等一般用于安全场所的照明、信号灯以及作为控制电压。

直流常用电压等级有 110、220V 和 440V，主要用于动力；6、12、24V 和 36V 主要用于控制；在电子线路中还有 5、9V 和 15V 等电压等级。

### 一、低压电器的分类

低压电器的功能多、用途广、品种规格繁多，为了系统地掌握，必须加以分类。

1. **按电器的动作性质分**

（1）手动电器：人工操作发出动作指令的电器，如刀开关、按钮等。

（2）自动电器：不需人工直接操作，按照电的或非电的信号自动完成接通、分断电路任务的电器，如接触器、继电器、电磁阀等。

2. **按用途分**

（1）控制电器：用于各种控制电路和控制系统的电器，如接触器、继电器、电动机起动器等。

（2）配电电器：用于电能的输送和分配的电器，如刀开关、低压断路器等。

（3）主令电器：用于自动控制系统中发送动作指令的电器，如按钮、行程开关等。

（4）保护电器：用于保护电路及用电设备的电器，如熔断器、热继电器等。

（5）执行电器：用于完成某种动作或传送功能的电器，如电磁铁、电磁离合器等。

3. **按工作原理分**

（1）电磁式电器：依据电磁感应原理来工作的电器，如交、直流接触器、各种电磁式继电器等。

（2）非电量控制电器：电器的工作是靠外力或某种非电物理量的变化而动作的电器，如刀开关、速度继电器、压力继电器、温度继电器等。

（3）此外，还有电动式、电子式、电感式等其他形式的电器。

### 二、低压电器的主要性能参数

（1）额定绝缘电压：是一个由电器结构、材料、耐压等因素决定的名义电压值。额定绝缘电压为电器最大的额定工作电压。

（2）额定工作电压：低压电器在规定条件下长期工作时，能保证电器正常工作的电压值，通常是指主触点的额定电压。有电磁机构的控制电器还规定了吸引线圈的额定电压。

（3）额定发热电流：在规定条件下，电器长时间工作，各部分的温度不超过极限值时所能承受的最大电流值。

（4）额定工作电流：是保证电器能正常工作的电流值。同一电器在不同的使用条件下，有不同的额定电流等级。

（5）通断能力：低压电器在规定的条件下，能可靠接通和分断的最大电流。通断能力与电器的额定电压、负载性质、灭弧方法等有很大关系。

（6）电气寿命：低压电器在规定条件下，切断不同大小电流所能达到的次数。由于电弧的烧灼，分断电流增大，操作次数，即电气寿命就要减小。

（7）机械寿命：低压电器在机械上能达到的操作次数。

### 三、电磁式电器

电磁式电器类型很多，从结构上看大都由两个基本部分组成，即电磁系统和触头系统。

1. **电磁系统**

电磁系统又称电磁机构，是电器的感测部分，其主要作用是将电磁能转换为机械能并带动触头动作从而接通或断开电路。电磁机构的结构形式如图4-1所示。

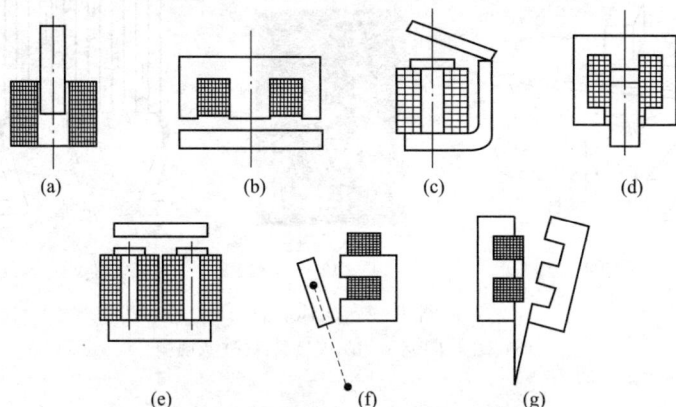

图4-1 电磁机构的结构形式
（a）、（d）螺管式；（b）、（e）直动式；（c）、（f）、（g）转动式

电磁机构由静铁心（或简称铁心）、动铁心（或称衔铁）和电磁线圈三部分组成，其工作原理是，当电磁线圈得电后，线圈电流产生磁场，铁心获得足够的电磁吸力，克服弹簧的反作用力将衔铁吸合。还应指出，在交流电磁机构中，为避免因线圈中交流电流过零时，磁通过零，造成衔铁振动，并伴随噪声，需在交流电磁机构铁心的端部开槽，嵌入一个铜短路环，如图4-2所示。铁心中的交变磁通 $\Phi_1$ 在短路环中感生交变磁通 $\Phi_2$，$\Phi_2$ 在相位上滞后于 $\Phi_1$，使得铁心中与短路环中的磁通不同时为零（故短路环也称分磁环），铁心在任何时刻都可牢牢吸住衔铁，目的是消除振动和噪声，确保衔铁的可靠吸合。

2. 触头系统

触头是有触点电器的执行部分，通过触头的闭合、断开控制电路通、断。触头的结构形式有桥式触头和指式触头两种，如图4-3所示。

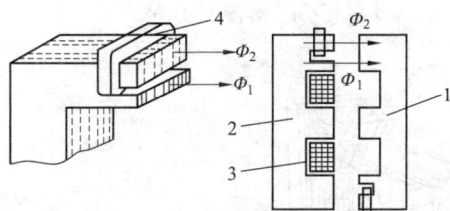

图4-2 交流电磁铁的短路环
1—衔铁；2—铁心；3—线圈；4—短路环

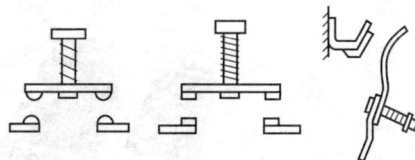

图4-3 触头的结构形式

3. 灭弧系统

电弧：开关电器切断电路电流时，触头间电压大于10V，电流超过80mA，触头间会产生高温带电激流，即电弧。其特点主要表现为高温和强光。

电弧的危害：延长了切断电路的时间；电弧的高温能将触头烧损；高温引起电弧附近电气绝缘材料烧坏；形成飞弧造成电源短路事故。

灭弧措施：有机械轴向拉断、电动力拉弧、磁吹灭弧（利用介质灭弧）、切短（多断口灭弧）、冷却等方法。常采用灭弧罩、灭弧栅和磁吹灭弧装置，如图4-4所示。

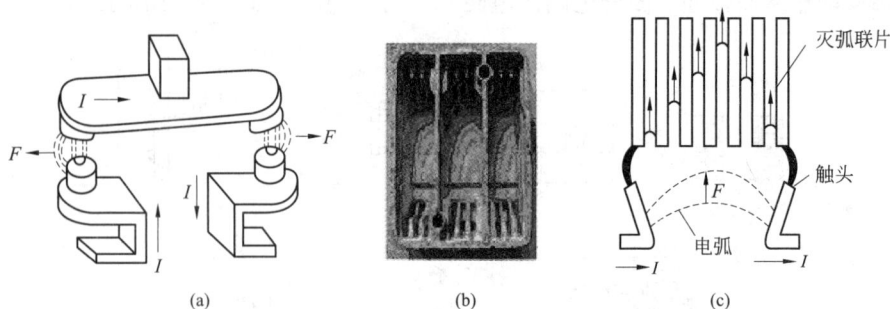

图 4-4　灭弧装置

(a) 双断口灭弧；(b) 灭弧罩；(c) 灭弧栅

# 分块二　低　压　开　关

## 一、闸刀开关

### 1. 闸刀开关的用途

闸刀开关简称刀开关或闸刀，是一种手动配电电器。主要用来隔离电源或手动接通与断开交直流电路，也可用于不频繁的接通与分断小型负载，如小型电动机、电炉等。

### 2. 闸刀开关的外形与结构

闸刀开关的外形与结构如图 4-5 所示，它主要有：与操作瓷柄相连的动触刀极、静触头夹座、熔丝、进线及出线接线座，这些导电部分都固定在瓷底板上，且用胶盖盖着。所以当闸刀合上时，操作人员不会触及带电部分。胶盖还具有下列保护作用：①将各极隔开，防止因极间飞弧导致电源短路；②防止电弧飞出盖外，灼伤操作人员；③防止金属零件掉落在闸刀上形成极间短路。熔丝的装设，又提供了短路保护功能。

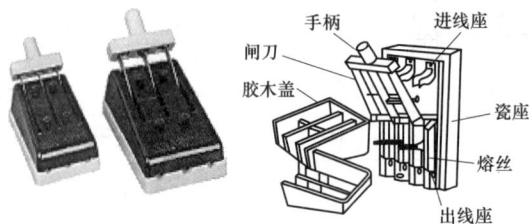

图 4-5　闸刀开关外形与结构图

### 3. 闸刀开关的分类

常用的刀开关有 HD 型单投刀开关、HS 型双投刀开关、HR 型熔断器式刀开关、HK 型闸刀开关等。根据极数不同，刀开关可分为单极、两极（额定电压 250V）和三极（额定电压 380V）等。

### 4. 闸刀开关的电气符号

电气符号分为文字符号和图形符号，在电气图中配合使用。闸刀开关的文字符号为 QS，图形符号如图 4-6 所示。

图 4-6 单投刀开关电气符号

(a) 一般图形符号；(b) 手动符号；(c) 三极单投刀开关符号；
(d) 一般隔离开关符号；(e) 手动隔离开关符号；(f) 三极单投刀隔离开关符号

### 5. 闸刀开关的型号及含义

闸刀开关的型号及含义如下。

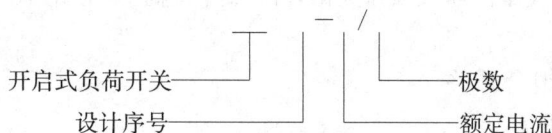

例如，HK1-30/20，"HK"表示开关类型为开启式负荷开关，"1"表示设计序号，"30"表示额定电流为30A，"2"表示单相（两极），"0"表示不带灭弧罩。HK系列负荷开关主要技术数据见表 4-1。

表 4-1　　　　　　　　　　HK 系列负荷开关主要技术数据

| 型号 | 额定电流（A） | 额定电压（V） | 极数 | 可控制电动机最大容量（kW） | 配用熔体线径（mm） |
|---|---|---|---|---|---|
| HK1 | 15 | 220 | 2 | 1.5 | 1.45～1.59 |
| | 30 | 220 | 2 | 3.0 | 2.30～2.52 |
| | 60 | 220 | 2 | 4.5 | 3.36～4.00 |
| | 15 | 380 | 3 | 2.2 | 1.45～1.59 |
| | 30 | 380 | 3 | 4.0 | 2.30～2.52 |
| | 60 | 380 | 3 | 5.5 | 3.36～4.00 |
| HK2 | 10 | 250 | 2 | 1.1 | 0.25 |
| | 15 | 250 | 2 | 1.5 | 0.41 |
| | 30 | 250 | 2 | 3.0 | 0.56 |
| | 10 | 380 | 3 | 2.2 | 0.45 |
| | 15 | 380 | 3 | 4.0 | 0.71 |
| | 30 | 380 | 3 | 5.5 | 1.12 |

### 6. 闸刀开关的技术参数与选择

（1）根据用途不同，选择闸刀开关的类型。HD 型单投刀开关、HS 型双投刀开关、HR 型熔断器式刀开关主要用于在成套配电装置中作为隔离开关，装有灭弧装置的刀开关也可以控制一定范围内的负载线路。作为隔离开关的刀开关的容量比较大，其额定电流为100～1500A，主要用于供配电线路的电源隔离。隔离开关断开时有明显的断开点，有利于检修人员的停电检修工作。HK 型闸刀开关一般用于电气设备及照明线路的电源开关。

（2）根据负载的性质不同，选择闸刀开关的额定电流。正常情况下，闸刀开关一般能接通和分断其额定电流，因此，对于普通负载可根据负载的额定电流来选择闸刀开关的额定电流。对于用闸刀开关控制电动机时，考虑其起动电流可达 4～7 倍的额定电流，宜选择闸刀开关的额定电流为电动机额定电流的 3 倍左右。

7. 安装使用闸刀开关时的注意事项

（1）闸刀开关在安装时，手柄要向上，不得倒装或平装，以避免由于重力自动下落而引起误动合闸。

（2）接线时，应将电源线接在上端，负载线接在下端，否则在更换熔丝时将会发生触电事故。

（3）更换熔丝必须先拉开闸刀，并换上与原用熔丝规格相同的新熔丝，同时还要防止新熔丝受到机械损伤。

（4）若胶盖和瓷底座损坏或胶盖失落，闸刀开关就不可再使用，以防止安全事故。

## 二、转换开关/组合开关

1. 转换开关的用途

转换开关又称组合开关，多用在机床电气控制线路中，作为电源的引入开关，也可以用作不频繁地接通和断开电路、换接电源和负载以及控制 5kW 以下的小容量电动机的正反转和星三角起动等。

2. 转换开关的外形与结构原理

转换开关由动触头、静触头、绝缘连杆转轴、手柄、定位机构及外壳等部分组成。其动、静触头分别叠装于数层绝缘壳内，当转动手柄时，每层的动触片随转轴一起转动，触片便轮流接通或分断。图 4-7 是 HZ10 系列转换开关外形与结构图。转换开关实质上是一种特殊的刀开关，是操作手柄在与安装面平行的平面内左右转动的刀开关。

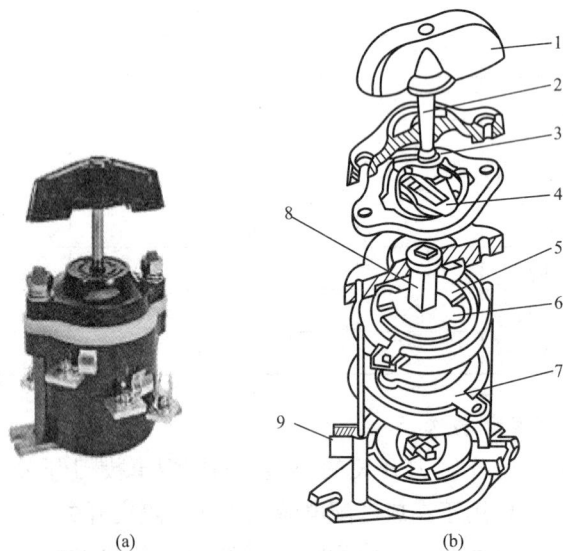

(a)                    (b)

图 4-7 HZ10 系列转换开关外形与结构图

(a) 外形；(b) 结构

1—手柄；2—转轴；3—弹簧；4—凸轮；5—绝缘垫板；6—静触头；7—动触头；8—绝缘方轴；9—接线柱

转换开关的原理示意图和电气符号如图4-8所示。

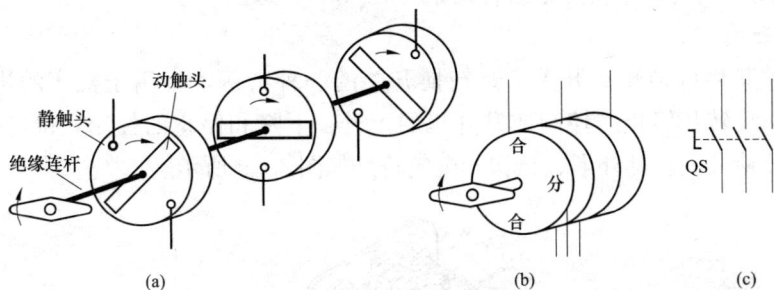

图4-8 转换开关的原理示意图和电气符号

(a) 内部原理示意图；(b) 外形状态分布图；(c) 图形符号

**3. 转换开关的型号及含义**

转换开关的型号及含义如下：

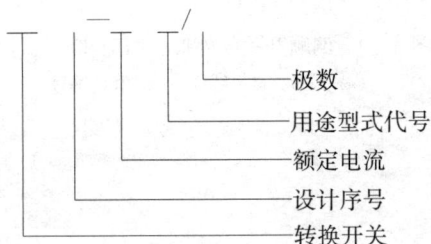

极数
用途型式代号
额定电流
设计序号
转换开关

例如，HZ5-30P/3，"HZ"表示开关类型为转换开关，"5"表示设计序号，"30"表示额定电流值大小为30A，"P"表示二路切换，"3"表示极数为三极。

**4. 转换开关的分类与选择**

常用的产品有HZ5、HZ10和HZ15系列。HZ5系列是类似万能转换开关的产品，其结构与一般转换开关有所不同。转换开关根据极数分有单极、双极和三极的；根据层数分有两层、三层和六层等。在选择使用转换开关时根据电源的种类、电压等级、额定电流和触头数进行选用。

**5. 转换开关的检测**

(1) 机械性能的检测：转动转换开关手柄，检查转动是否灵活，扭簧是否起作用。

(2) 电气性能的检测：用万用表的欧姆挡分别测量各相触头，如果在"合"状态下各相触头同时接通，在"分"状态下各相触头同时分断，则说明该组合开关组合正确，性能良好，反之则说明该组合开关组合错误或已经损坏，需打开重新组合或修理。

**6. 转换开关的拆装及组合注意事项**

(1) 松开手柄固定螺钉，取下手柄。

(2) 松开固定支架螺母，取下开关顶盖。

(3) 除去转轴和扭簧、凸轮，取出绝缘方轴。

(4) 打开各绝缘层，取下各相动触点。

(5) 分别将各相动触点与静触点接通，并对准每相方孔。

(6) 装入绝缘方轴，并且保证装到底。

(7) 正确安装凸轮、转轴和扭簧的位置。

(8) 装上开关顶盖，并固定支架螺母。

（9）正确安装手柄。

（10）使用万用表，重新鉴定组合结果。

7. 倒顺开关

倒顺开关又称可逆转换开关，是转换开关的一种特例，多用于机床的进刀、退刀，电动机的正、反转和停止的控制或升降机的上升、下降和停止的控制，也可作为控制小电流负载的负荷开关。其外形、结构和电气符号如图4－9所示。

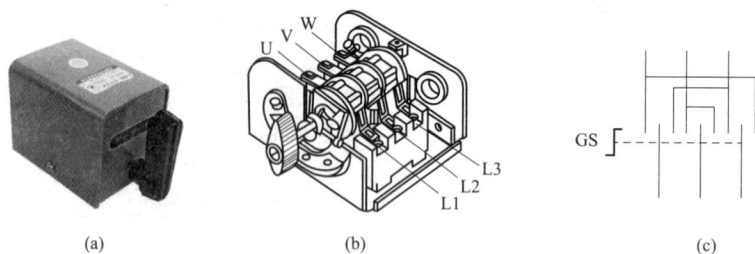

图4－9　倒顺开关的外形、结构和电气符号
（a）外形；（b）结构；（c）电气符号

### 三、低压断路器

1. 低压断路器的用途

低压断路器又称自动开关或空气开关，如图4－10所示。主要在电路正常工作条件下作为线路的不频繁接通和分断用，并在电路发生过载、短路及失电压等故障时能自动分断电路。所以，低压断路器既是控制电器，又是保护电器。

图4－10　各种断路器外形图

2. 低压断路器的分类

按照极数，可分为单极、两极和三极；按照结构，可分为框架式DW系列（又称万能式）和塑料外壳式DZ系列（又称装置式）两大类。框架式断路器为敞开式结构，适用于大容量配电装置；塑壳式断路器的特点是外壳用绝缘材料制作，具有良好的安全性，广泛用于电气控制设备和建筑物内作电源线路保护，以及对电动机进行过载和短路保护。

3. DZ系列断路器的结构和工作原理

断路器主要由三个基本部分组成：感应部分、中间传动部分和执行部分。感应部分主要包括各种脱扣器，如图 4-11 所示。

在正常情况下，断路器的主触头是通过操动机构手动或电动合闸的。若要正常切断电路，应操作分励脱扣器 4。

自动开关的自动分断，是由过电流脱扣器 3、热脱扣器 5 和欠电压脱扣器 6 完成的。当电路发生短路或过电流故障时，过电流脱扣器 3 衔铁被吸合，使自由脱扣机构的钩子脱开，自动开关触头分离，及时有效地切除高达数十倍额定电流的故障电流。当线路发生过载时，过载电流通过热脱扣器 5 使触点断开，从而起到过载保护作用。若电网电压过低或为零时，失电压脱扣器 6 的衔铁被释放，自由脱扣器 2 动作，使断路器触头分离，从而在过电流与零电压欠电压时保证了电路及电路中设备的安全。根据不同的用途，自动开关可配备不同的脱扣器。

**4. 低压断路器的电气符号**

低压断路器的文字符号为 QF，图形符号如图 4-12 所示。

**5. 低压断路器的型号及含义**

低压断路器的型号及含义如下：

低压断路器的主要产品型号有 DZ5、DZ10、DZ15、DZ20、DW10、DW15 等系列。

**6. 低压断路器的主要技术参数**

(1) 额定电压：一般为交流 380V。

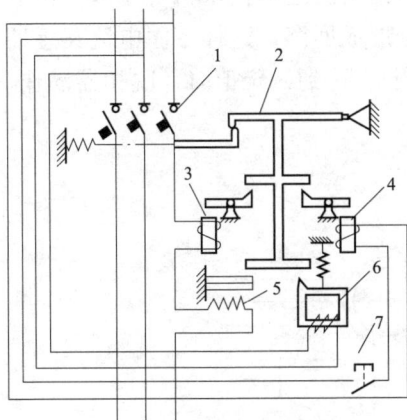

图 4-11 DZ 系列断路器结构图

1—主触头；2—自由脱扣器；3—过电流脱扣器；4—分励脱扣器；5—热脱扣器；6—失电压脱扣器；7—按钮

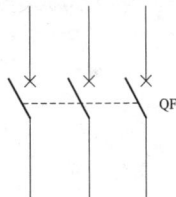

图 4-12 低压断路器的符号

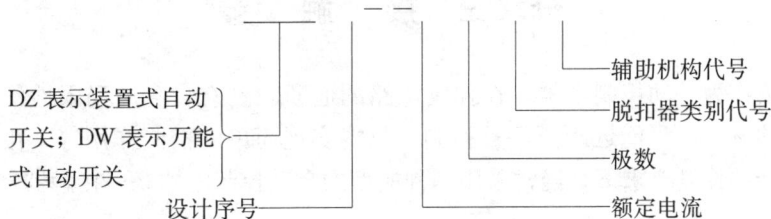

DZ 表示装置式自动开关；DW 表示万能式自动开关　设计序号　辅助机构代号　脱扣器类别代号　极数　额定电流

(2) 额定电流：框架式断路器额定电流有 200、400、600、1000、1500、2500、4000A 等；塑壳式断路器额定电流有 6、10、20、50、100、200、600A 等。

(3) 极数：有单极、两极、三极等。

(4) 极限分断能力：是指在规定条件下，能分断短路电流的最大值。

**7. 低压断路器的选用**

(1) 断路器类型的选择：应根据使用场合和保护要求来选择。一般情况下选用塑壳式；额定电流比较大或有选择性保护要求时选用框架式。

（2）断路器额定电压、额定电流应大于或等于线路、设备的正常工作电压、工作电流。

（3）断路器极限通断能力大于或等于电路最大短路电流。

（4）欠电压脱扣器额定电压等于线路额定电压。

（5）过电流脱扣器的额定电流大于或等于线路的最大负载电流。

8. 漏电保护器

漏电保护器有单相和三相之分，其电路就画在其面板上，经常与断路器配套使用。

（1）作用：主要用于当发生人身触电或漏电时，能迅速切断电源，保障人身安全，防止触电事故。

（2）工作原理如图 4-13 所示。当正常工作时，不论三相负载是否平衡，通过零序电流互感器主电路的三相电流相量之和等于零，故其二次绕组中无感应电动势产生，漏电保护器工作于闭合状态。如果发生漏电或触电事故，三相电流之和便不再等于零，而等于某一电流值 $I_s$。$I_s$ 会通过人体、大地、变压器中性点形成回路，这样零序电流互感器二次侧产生与 $I_s$ 对应的感应电动势，加到脱扣器上，当 $I_s$ 达到一定值时，脱扣器动作，推动主开关的锁扣，分断主电路。

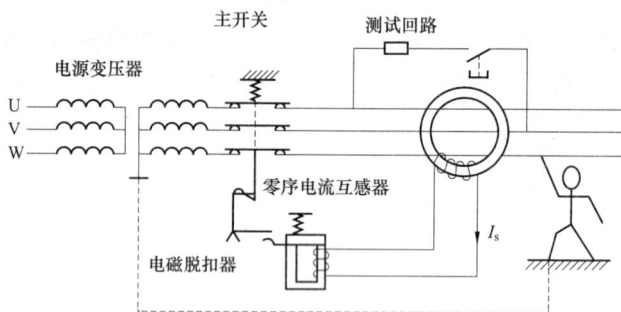

图 4-13 漏电断路器

# 分块三  接  触  器

低压开关作为手动控制电器，在控制电路的通断时具有自身的局限性，如只能用于不频繁操作的场合，只能近距离手动控制，只能实现简单的控制作用等。在自动化程度更高、更复杂的控制要求下，经常采用一种典型的自动控制电器——接触器。

## 一、接触器基本知识

### 1. 接触器的用途

接触器是电力拖动和自动控制系统中使用量大、涉及面广的一种低压控制电器，用来频繁地接通和分断交直流主回路和大容量控制电路。主要控制对象是电动机，能实现远距离自动控制，并具有欠（零）电压保护作用。

**2. 接触器的分类**

接触器按其主触头所控制主电路电流的种类可分为交流接触器和直流接触器。

**3. 交流接触器的结构**

交流接触器主要由电磁系统、触头系统和灭弧装置组成，外形和结构简图如图 4-14 所示。

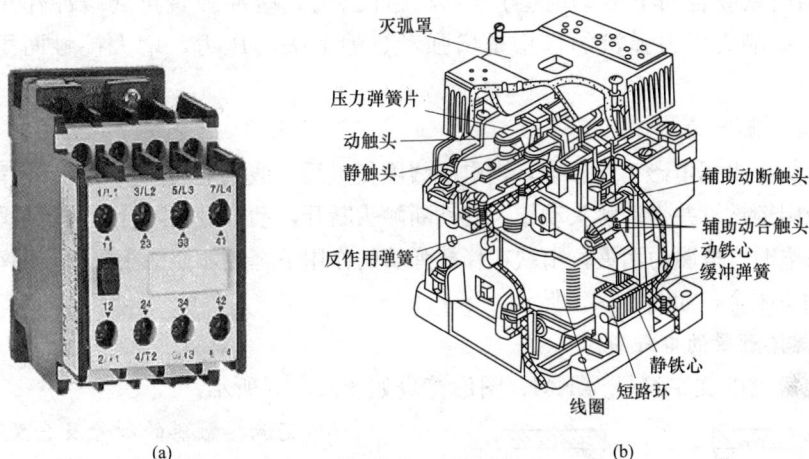

图 4-14 交流接触器的外形与结构图

(a) 外形；(b) 结构

(1) 电磁系统：由线圈、动铁心（衔铁）和静铁心组成。其作用是将电磁能转换成机械能，产生电磁吸力带动触头动作。铁心用相互绝缘的硅钢片叠压而成，以减少交变磁场在铁心中产生涡流和磁滞损耗，避免铁心过热。铁心上装有短路铜环，以减少衔铁吸合后的振动和噪声。线圈一般采用电压线圈（线径较小，匝数较多，与电源并联）。交流接触器起动时，铁心气隙较大，线圈阻抗很小，起动电流较大。衔铁吸合后，气隙几乎不存在，磁阻变小，感抗增大，这时的线圈电流显著减小。交流接触器线圈在其额定电压的 85%～105% 时，能可靠地工作。电压过高，则磁路趋于饱和，线圈电流将显著增大，线圈有被烧坏的危险；电压过低，则吸不牢衔铁，触头跳动，不但影响电路正常工作，而且线圈电流会达到额定电流的十几倍，使线圈过热而烧坏。因此，电压过高或过低都会造成线圈发热而烧毁。

(2) 触头系统：触头又称为触点，是接触器的执行元件，用来接通或断开被控制电路。触头的结构形式很多，按其所控制的电路可分为主触头和辅助触头。主触头用于接通或断开主电路，有 3 对或 4 对动合触头，允许通过较大的电流；辅助触头用于接通或断开控制电路，只能通过较小的电流，起电气连锁或控制作用，通常有两对动合触头，两对动断触头。触头按其原始状态可分为动合触头（常开触点）和动断触头（常闭触点）。原始状态（线圈未通电）时断开，线圈得电后闭合的触头叫动合触头；原始状态时闭合，线圈得电后断开的触头叫动断触头。线圈得电后所有触头动作，改变自身的原始状态，即动断触头断开，动合触头闭合。线圈失电后所有触头复位，恢复到自身的原始状态。

(3) 灭弧装置：容量在 10A 以上的接触器都有灭弧装置。对于小容量的接触器，常

71

采用双断口桥形触头以利于灭弧；对于大容量的接触器，常采用纵缝灭弧罩及栅片灭弧结构。

（4）辅助部件：交流接触器的辅助部件包含底座、反作用弹簧、缓冲弹簧、触头压力弹簧、传动机构和接线柱等。反作用弹簧的作用是当线圈得电时，电磁力吸引衔铁并将弹簧压缩，线圈失电，弹力使衔铁、动触头恢复原位；缓冲弹簧装在静铁心与底座之间，当衔铁吸合向下运动时会产生较大冲击力，缓冲弹簧可起缓冲作用，保护外壳不受冲击；触头压力弹簧的作用是增强动、静触头间压力，增大接触面积，减小接触电阻。

4. 交流接触器的工作原理

交流接触器根据电磁工作原理，当电磁线圈得电后，线圈电流产生磁场，使静铁心产生电磁吸力吸引衔铁，并带动触头动作，使动断触头断开，动合触头闭合，两者是联动的。当电磁线圈失电时，电磁力消失，衔铁在释放弹簧的作用下释放，使触头复原，即动合触头断开，动断触头闭合，如图 4 - 15 所示。

5. 交流接触器的电气符号

交流接触器的文字符号为 KM，图形符号如图 4 - 16 所示。

6. 交流接触器的型号及含义

交流接触器的型号及含义如下：

例如，CJ12 - 250/3 为 CJ12 系列交流

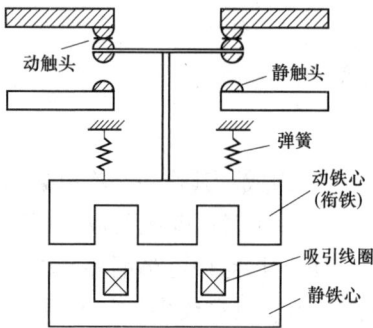

图 4 - 15　交流接触器的工作原理图

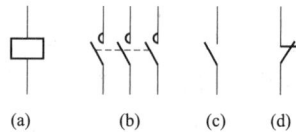

图 4 - 16　交流接触器的图形和文字符号
(a) 线圈；(b) 主触头带灭弧装置；
(c) 动合辅助触头；(d) 动断辅助触头不带灭弧装置

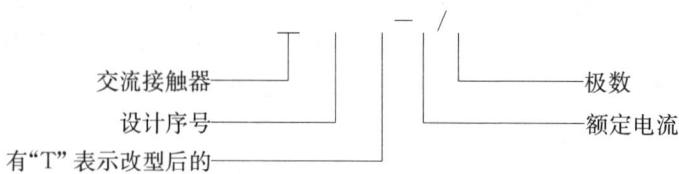

交流接触器
设计序号
有"T"表示改型后的
极数
额定电流

接触器，额定电流 250A，三个主触点。CJ12T - 250/3 为 CJ12 系列改型后的交流接触器。常用的交流接触器有 CJ10、CJ12、CJ10X、CJ20、CJX1、CJX2、3TB 和 3TD 等系列。

## 二、接触器主要技术指标

1. 额定电压

接触器的额定电压是指主触头的额定电压。目前常用的电压等级有：

交流接触器：127V、220V、380V、500V；

直流接触器：110V、220V、440V。

## 2. 额定电流

接触器的额定电流是指主触头的额定工作电流。它是在一定的条件（额定电压、使用类别和操作频率等）下规定的，目前常用的电流等级有：

交流接触器：5A、10A、20A、40A、60A、100A、150A、250A、400A、600A；

直流接触器：40A、80A、100A、150A、250A、400A、600A。

## 3. 吸引线圈的额定电压

吸引线圈的额定电压是指接触器线圈正常工作的电压。目前常用的电流等级有：

交流接触器：36V、110（127）V、220V、380V；

直流接触器：24V、48V、220V、440V。

## 4. 机械寿命和电气寿命

接触器是频繁操作电器，应有较高的机械和电气寿命，该指标是产品质量的重要指标之一。

## 5. 额定操作频率

接触器的额定操作频率是指每小时允许的操作次数，一般为 300 次/h、600 次/h 和 1200 次/h。

## 6. 动作值

动作值是指接触器的吸合电压和释放电压。规定接触器的吸合电压大于线圈额定电压的 85％时应可靠吸合，释放电压不高于线圈额定电压的 70％。

### 三、接触器的使用选择原则

选择接触器时应从其工作条件出发，主要考虑下列因素。

（1）根据接通或分断的电流种类选择接触器的类型，控制交流负载应选用交流接触器，控制直流负载应选用直流接触器。

（2）根据被控电路的电压等级来选择接触器的额定电压。通常选择接触器主触头的额定工作电压应大于或等于负载电路的额定电压。

（3）根据被控电路中电流的大小来选择接触器的额定电流。一般地，主触头的额定工作电流应大于或等于负载电路的电流。还要注意的是，接触器主触头的额定工作电流是在规定条件下（额定工作电压、使用类别、操作频率等）能够正常工作的电流值，当实际使用条件不同时，这个电流值也将随之改变。例如，用作电动机频繁起动或反接制动的控制时，应将交流接触器的额定电流降一级使用。

对于电动机负载可按下列经验公式计算：

$$I_C = \frac{P_N}{KU_N}$$

式中：$I_C$ 为接触器主触点电流（A）；$P_N$ 为电动机额定功率（kW）；$U_N$ 为电动机的额定电压（kV）；$K$ 为经验系数，一般取 1～1.4。

（4）吸引线圈的额定电压与频率要与所在控制电路的选用电压和频率相一致，接触器在线圈额定电压 85％及以上时才能可靠地吸合。当控制线路简单时，为节省变压器，也可选用 380V 或 220V 的电压。当控制线路复杂，使用的电器比较多时，从人身和设备安全考虑，线圈的额定电压可选得低一些，可用 36V 或 110V 电压的线圈。

（5）主触头和辅助触头的数量应满足控制系统的需要。

### 四、交流接触器的检测

1. 机械性能的检测

手动使接触器吸合，检查传动机构是否灵活，是否有杂物掉进接触器内部造成机械卡阻。

2. 电气性能的检测

（1）线圈的检测：将万用表打至欧姆挡合适的量程，测量线圈的直流静态电阻，一般情况下约为几百至几千欧姆。若测量结果为无穷大，说明接触器线圈开路，需打开接触器进一步判断是绕组断线还是接头脱落。

（2）动断触头的检测：用万用表欧姆挡依次测量每对动断触头的接线柱。如果测量结果为零，说明触头良好；如果测量结果为无穷大，说明动触头丢失、损坏、变形或发生位移；如果测量结果为较大阻值，说明触头表面被氧化、有油垢、压力不够或是磨损严重。

（3）动合触头的检测：接通线圈额定电压或是手动使接触器吸合，用万用表欧姆挡依次测量每对主触头和动合辅助触头的接线柱。测量结果和原因与动断触头类似。

3. 磁性能的检查

如果接触器线圈得电后出现不吸合、振动、噪声等现象，有可能是由于接触器的磁性能不良导致。打开接触器底座，取出铁心，检查铁心短路环是否脱落，铁心截面是否有油污或者锈蚀。

### 五、交流接触器的拆装步骤

由于接触器的种类和型号很多，拆装练习时可选择任一型号进行。CJ10 系列交流接触器采用开启式、主体分布、双断点结构，被广泛应用于交流低压电力线路中，其拆卸的主要步骤如下。

（1）松开灭弧罩紧固螺钉，取下灭弧罩。

（2）拉紧主触头的定位弹簧夹，取下主触头动触片及压力弹簧片。拆卸主触头时必须将主触头动触片横向旋转 45°后取下。

（3）松开动合辅助触头静触点的接线柱螺钉，取下动合静触点。

（4）松开接触器底部的盖板螺钉，取下盖板。在松开盖板螺钉时，要用手按住盖板，慢慢依次放松。

（5）取下静铁心缓冲绝缘纸片、静铁心及静铁心支架。

（6）取下缓冲弹簧。

（7）拔出线圈接线端的弹簧夹片，取出线圈。

（8）取出反作用弹簧。

（9）取出动铁心（衔铁）和支架。从支架上取下动铁心定位销。

（10）取下动铁心及缓冲绝缘纸片。

装配时按拆卸的逆顺序进行。在拆装过程中，不允许硬撬，以免损坏接触器。装配常开辅助触头静触点时，要防止卡住辅助动触片。

### 六、交流接触器常见故障及处理方法

**1. 触头过热**

触头过热是常见故障，发热程度主要与接触电阻有关，接触电阻增加，发热和触头温度都大大增加，严重时使动、静触头熔焊在一起，不能断开。其原因及处理方法如下。

（1）触头表面被氧化或有杂质→用汽油做溶剂，用软钢丝刷清洁触头。

（2）触头容量不够→更换大容量的电器。

（3）触头压力弹簧压力不够→调整或更换压力弹簧。

（4）触头磨损太多，引起压力减小→按同样的规格更换触头。

（5）操作频率过高→降低操作频率或接触器降容使用。

（6）负载侧短路造成触头熔焊→排除短路故障。

**2. 触头磨损**

触头磨损主要原因有：一是电气磨损，由电弧的高温使触头上的金属氧化和蒸发所造成；另一是机械磨损，由触头闭合时的撞击，触头表面相对滑动摩擦所造成。当触头厚度磨损超过1/2时，应及时更换触头。需要注意的是，银合金触头表面因电弧而生成黑色氧化膜时，不会造成接触不良现象，因此不必锉修，否则将会大大缩短触头寿命。当触头严重烧毛时，可用细锉刀把表面凸出部分轻轻锉平，切不可用砂纸研磨，因为留下的砂粒会大大增大接触电阻。

**3. 得电吸不上或吸力不足**

（1）电源电压过低→调整电源电压。

（2）线圈技术参数与电源参数不符→更换线圈或调整电源参数。

（3）线圈断线→修理或更换线圈。

（4）接触器组装不合格，造成动静铁心间隔过大或机械卡阻→重新检查组装接触器。

（5）铁心截面不洁净或锈蚀，造成磁阻过大→清洁铁心截面。

**4. 线圈失电后触头不能复位**

（1）触头被熔焊→修理触头。

（2）铁心截面有油污→擦拭铁心截面。

（3）复位弹簧弹力不足或损坏→更换弹簧。

（4）活动部分被卡住→拆修卡住部分。

**5. 线圈过热或烧毁**

（1）电源电压过高或过低→调整电源电压。

（2）线圈技术参数与电源参数不符→更换线圈或调整电源参数。

（3）操作频率过高→降低操作频率。

（4）线圈匝间短路→更换或修理线圈。

（5）铁心闭合不紧密→调整、修理或更换铁心。

（6）活动部分被卡住→拆修卡住部分。

**6. 震动噪声过大**

交流接触器运行中发出轻微的嗡嗡声是正常的，但声音过大就说明存在异常。

（1）短路环损坏或脱落→更换铁心。

（2）电源电压低→提高电源电压。

（3）铁心截面不洁净或锈蚀→清洁铁心截面。

（4）零件卡住→调整修理零件。

（5）复位弹簧弹力太大→更换弹簧。

# 分块四　继　电　器

继电器主要用于控制和保护电路中作信号转换用。它具有输入电路（又称感应元件）和输出电路（又称执行元件），通过将某种电量（如电压、电流）或非电量（如温度、压力、转速、时间等）的变化量转换为开关量，以实现对电路的自动控制功能。

继电器的种类很多，按输入量可分为电压继电器、电流继电器、时间继电器、速度继电器、压力继电器等；按工作原理可分为电磁式继电器、感应式继电器、电动式继电器、电子式继电器等；按用途可分为控制继电器、保护继电器等；按输入量变化形式可分为有无继电器和量度继电器。

有无继电器是根据输入量的有或无来动作的，无输入量时继电器不动作，有输入量时继电器动作，如中间继电器、通用继电器、时间继电器等。

量度继电器是根据输入量的变化来动作的，工作时其输入量是一直存在的，只有当输入量达到一定值时继电器才动作，如电流继电器、电压继电器、热继电器、速度继电器、压力继电器、液位继电器等。

电压、电流继电器和中间继电器属于电磁式继电器，其结构、工作原理与接触器相似，由电磁系统、触头系统和释放弹簧等组成。由于继电器用于控制电路，流过触头的电流小，所以不需要灭弧装置。

电磁式继电器与接触器的主要区别：

继电器：没有灭弧装置，触点容量小，用于控制电路，可在电量或非电量的作用下动作；

接触器：有灭弧装置，触点容量大，用于主电路，一般只能在电压作用下动作。

## 一、电流继电器

电流继电器的输入量是电流，它是根据输入电流大小而动作的继电器。电流继电器的线圈串入电路中，以反映电路电流的变化，其线圈匝数少、导线粗、阻抗小。

1. 电流继电器的用途

电流继电器用于电流保护或控制，如电动机和主电路的过载和短路保护。

2. 电流继电器的分类

电流继电器有欠电流继电器和过电流继电器两类。

当继电器中的电流低于整定值而动作的继电器称为欠电流继电器。欠电流继电器的吸引电流为线圈额定电流的 $30\%\sim65\%$，释放电流为额定电流的 $10\%\sim20\%$，因此，在电路正常工作时，衔铁是吸合的，只有当电流降低到某一整定值时，继电器释放，输出信号。欠电流继电器用于欠电流保护或控制，如直流电动机励磁绕组的弱磁保护、电磁吸盘中的欠电流保护、绕线式异步电动机起动时电阻的切换控制等。

当继电器中的电流高于整定值而动作的继电器称为过电流继电器。过电流继电器在电路正常工作时流过正常工作电流，正常工作电流小于继电器所整定的动作电流，继电器不动作，当电流超过动作电流整定值时才动作。过电流继电器整定范围通常为1.1～4倍额定电流。过电流继电器用于过电流保护或控制，如电动机的过载及短路保护。

**3. 电流继电器的动作特点**

电流继电器的动作特点是，动作后不需要更换元件，当电流恢复正常时，它能自动恢复正常。动作电流可以按需要整定。

**4. 电流继电器的结构**

电流继电器的外形、结构如图4-17（a）、（b）所示，它由线圈、静铁心、衔铁、触头系统和反作用弹簧等组成。

**5. 电流继电器的电气符号**

电流继电器的图形和文字符号如图4-17（c）所示。

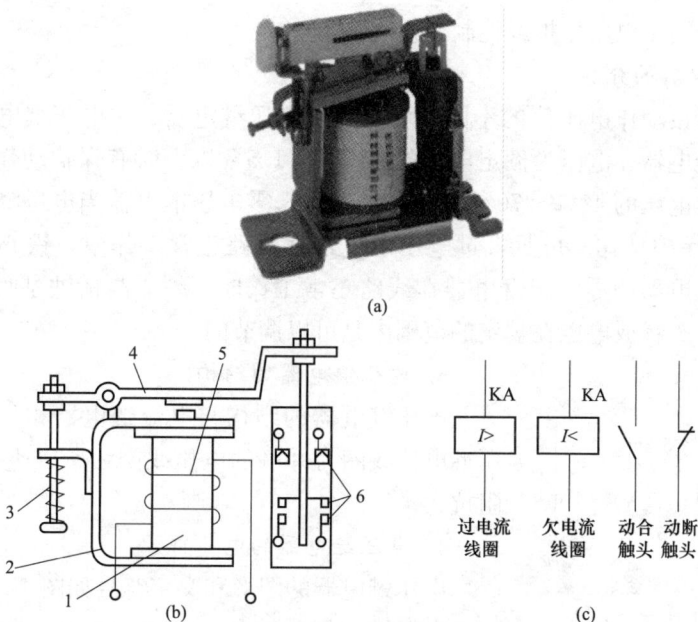

图4-17 电流继电器的外形、结构与符号图

（a）外形；（b）结构；（c）电气符号

1—铁心；2—磁轭；3—反作用弹簧；4—衔铁；5—线圈；6—触头

**6. 电流继电器的型号及含义**

电流继电器的型号及含义如下：

例如，JL12-10，"JL"代表电流继电器，设计序号为"12"，线圈额定电流为"10A"。常用的电流继电器的型号有JL12、JL15等。

7. 电流继电器的主要技术参数

(1) 线圈额定电流：一般范围在 5～300A。

(2) 线圈额定电压：一般为 380V。

(3) 触头额定电流：一般为 5A。

(4) 触头数目。

8. 电流继电器的选择

(1) 根据在控制电路中的作用（过电流、欠电流保护）进行选型。

(2) 电流继电器的额定电流应大于或等于电路的工作电流。

(3) 电流继电器的整定电流应与电路要求的动作电流相一致。

## 二、电压继电器

电压继电器是指根据线圈两端电压大小而动作的继电器。

1. 电压继电器的用途

电压继电器用于电压保护或控制。

2. 电压继电器的分类

电压继电器按动作电压值的不同，可分为过电压继电器、欠电压继电器和零电压继电器。过电压继电器在电压为额定电压的 110%～115% 以上时有保护动作；欠电压继电器在电压为额定电压的 40%～70% 时有保护动作；零电压继电器当电压降至额定电压的 5%～25% 时有保护动作。可见，过电压继电器在线路正常工作时，铁心与衔铁是释放的，而欠电压继电器和零电压继电器在线路正常工作时，铁心与衔铁是吸合的。电压继电器的吸合电压和释放电压在规定的范围内是可以调节的。

3. 电压继电器的结构

电压继电器的结构与电流继电器相似，不同的是电压继电器线圈为并联的电压线圈，所以匝数多、导线细、阻抗大。

4. 电压继电器的电气符号

电压继电器的图形和文字符号如图 4 - 18 所示。

电压继电器的型号及含义、选择、整定等参照电流继电器。

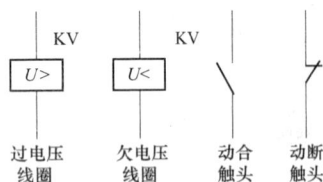

图 4 - 18　电压继电器的图形和文字符号

## 三、中间继电器

中间继电器是最常用的继电器之一。

1. 中间继电器的结构原理

中间继电器实质上是一种电压继电器，它是根据输入电压的有或无而动作的。该继电器由静铁心、动铁心、线圈、触头系统和复位弹簧等组成。其触头对数较多，没有主、辅触头之分，各对触头允许通过的额定电流是一样的，为 5～10A。中间继电器体积小，动作灵敏度高，一般不用于直接控制电路的负载，但当电路的负载电流在 5～10A 以下时，也可代替接触器起控制负载的作用。中间继电器的工作原理和接触器一样，触点较多，一般为四动合触点和四动断触点，如图 4 - 19 所示。

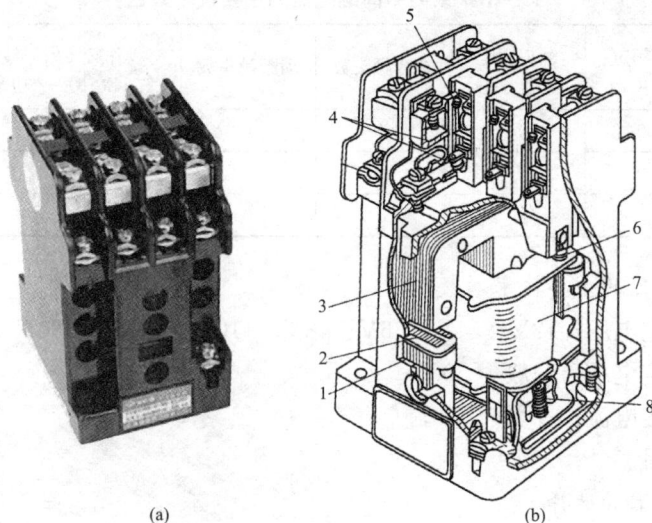

(a)                    (b)

图 4-19  中间继电器的外形、结构图

(a) 外形；(b) 结构图

1—静铁心；2—短路环；3—衔铁；4—动合触头；5—动断触头；

6—反作用弹簧；7—线圈；8—缓冲弹簧

**2. 中间继电器的用途**

中间继电器的主要用途是当其他继电器的触点数或触点容量不够时，可借助中间继电器来扩大它们的触点数或触点容量，从而起到中间转换的作用。另外，中间继电器还可以作为零电压继电器或欠电压继电器使用。

**3. 中间继电器的电气符号**

中间继电器的文字符号为 KA，图形符号如图 4-20 所示。

**4. 中间继电器的型号及含义**

中间继电器的型号及含义如下：

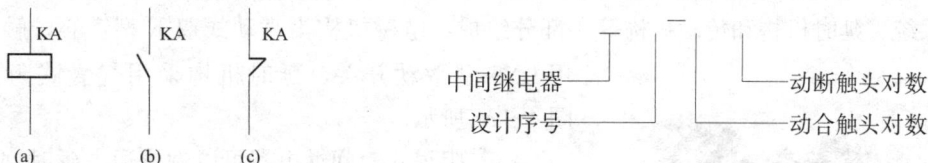

图 4-20  中间继电器的图形、文字符号

(a) 线圈；(b) 动合触头；(c) 动断触头

例如，JZ7-62，"JZ" 代表中间继电器，设计序号为 "7"，具有 6 对动合触头，2 对动断触头。常用的中间继电器型号有 JZ7、JZ14 等，JZ7 系列中间继电器的主要技术数据见表 4-2。

| 型号 | 触头额定<br>电压（V） | 触头额定<br>电流（A） | 动合触头数 | 动断触头数 | 操作频<br>率（次/h） | 线圈起动<br>功率（VA） | 线圈吸持<br>功率（VA） |
|---|---|---|---|---|---|---|---|
| JZ7-44 | 500 | 5 | 4 | 4 | 1200 | 75 | 12 |
| JZ7-62 | 500 | 5 | 6 | 2 | 1200 | 75 | 12 |
| JZ7-80 | 500 | 5 | 8 | 0 | 1200 | 75 | 12 |

表4-2       JZ7系列中间继电器的主要技术数据

5. 中间继电器的主要技术参数

(1) 线圈额定电压：12V、24V、36V、48V、110V、127V、380V 等。

(2) 触头额定电压：一般为 500V。

(3) 触头额定电流：一般为 5A。

(4) 触头数目。

6. 中间继电器的选择

中间继电器主要依据被控制电路的电压等级、触点的数量、种类及容量来选用。

中间继电器的检测、拆装、维修等均参照接触器进行。

## 四、时间继电器

时间继电器是一种利用电磁原理或机械原理来实现触点延时接通或断开的自动控制电器。

1. 时间继电器的用途

时间继电器在控制电路中用于时间的控制。

2. 时间继电器的分类

按延时方式可分为通电延时和断电延时；按其动作原理与构造不同，可分为电磁式、空气阻尼式、电动式和晶体管式等类型。机床控制线路中应用较多的是空气阻尼式时间继电器，目前晶体管式时间继电器也获得了越来越广泛的应用。

3. 空气阻尼式时间继电器

空气阻尼式时间继电器是利用空气阻尼原理获得延时的，它主要由电磁机构、触头系统、延时机构和传动机构等 4 部分组成。电磁机构为直动式双 E 型铁心，触头系统借用 LX5 型微动开关，延时机构采用气囊式阻尼器，如图 4-21 所示。

空气阻尼式时间继电器可以做成通电延时型，也可改成断电延时型，电磁机构可以是直流的，也可以是交流的。下面简单介绍其工作原理。

图 4-22（a）中通电延时型时间继电器为线圈不得电时的情况，电磁线圈 1 得电后，铁心的电磁吸力将反作用弹簧 3 压缩，静铁心 2 将衔铁 4 连同推板 5 吸下，使瞬动触头 16 受压，触头瞬时动作。同时顶杆 6 与衔铁间出现一个空隙，塔形弹簧 7 伸展，带动顶杆 6 和与其相连的活塞 12 由上向下移动。这时，在橡皮膜 9 上面形成空气稀

图 4-21 JSA-A型空气阻尼式时间继电器

薄的空间（气室），空气由进气孔 11 逐渐进入气室，活塞 12 因受到空气的阻力，只能缓慢地向下移动，其移动的速度和进气孔 11 的大小有关（通过延时调节螺钉 10 调节进气孔的大小可改变延时时间）。当降到一定位置时，杠杆 15 使延时触头 14 动作（动合触头闭合，动断触头断开），起到通电延时作用。线圈失电时，反作用弹簧 3 迅速伸展，使衔铁 4 和活塞 12 等复位，空气经橡皮膜 9 与顶杆 6 之间推开的气隙迅速排出，瞬动触头 16 和延时触头 14 瞬时复位，无延时。

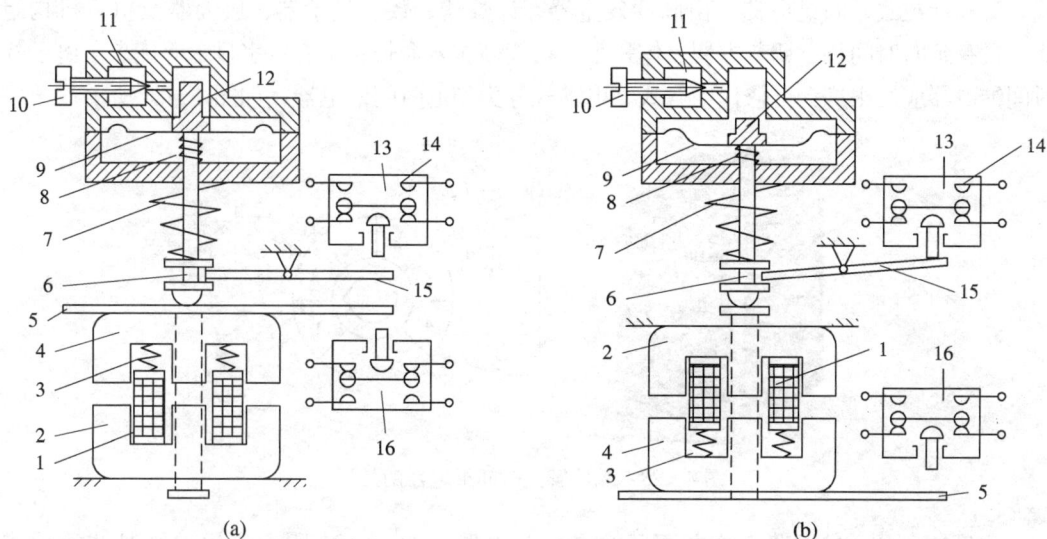

图 4-22　JS7-A 型空气阻尼式时间继电器工作原理图

1—线圈；2—静铁心；3、7、8—弹簧；4—衔铁；5—推板；6—顶杆；9—橡皮膜；
10—螺钉；11—进气孔；12—活塞；13、16—瞬动触头；14—延时触头；15—杠杆

如果将通电延时型时间继电器的电磁机构 180°反向安装，就可以改为断电延时型时间继电器，如图 4-22（b）所示。线圈 1 不得电时，塔形弹簧 7 伸展，将橡皮膜 9 和顶杆 6 推下，杠杆 15 将延时触头 14 压下（注意，原来通电延时的动合触头现在变成了断电延时的动断触头，原来通电延时的动断触头现在变成了断电延时的动合触头）。当线圈 1 通电时，衔铁 4 向下运动，使瞬动触头 16 瞬时动作，同时推动顶杆 6 和活塞 12 向下运动，如前所述，此过程不延时，延时触头 14 瞬时动作。线圈 1 失电时动衔铁 4 在反力弹簧 3 的伸展作用下返回，瞬动触头 16 瞬时复位，延时触头 14 在空气阻尼下延时复位，起到断电延时作用。

空气阻尼式时间继电器通过延时调节螺钉调节送气门的大小来整定延时时间。常用的产品有 JS7-A、JS23 等系列，延时范围有 0.4～60s 和 0.4～180s。其优点如下。

（1）延时不受电源电压与频率变化的影响。

（2）通电延时与断电延时两种方式变换方便。

（3）延时范围较大，0.4～180s。

（4）价格便宜，构造简单。

其缺点如下。

（1）延时误差大，一般为±10%～20%。

（2）延时值受外界环境如尘土、温度等影响，随着使用时间的增长，延时值也会逐渐增大。

（3）无调节刻度指示。

4. 晶体管式时间继电器

晶体管式时间继电器按其结构可分为阻容式时间继电器和数字式时间继电器，按延时方式分为通电延时型和断电延时型。早期时间继电器多是阻容式的，近期开发的产品多为数字式，又称计数式时间继电器，由脉冲发生器、计数器、数字显示器、放大器及执行机构组成，具有延时时间长、调节方便、体积小、精度高、寿命长、带有数字显示等优点。电子式时间继电器应用很广，可取代空气式、电动式等类型的时间继电器，如图 4-23 所示。

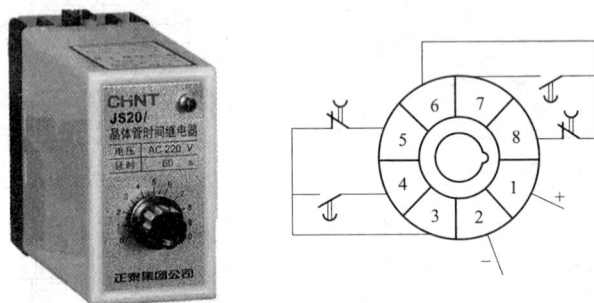

图 4-23　晶体管式时间继电器的外形

阻容式利用 RC 电路充放电原理构成延时电路，图 4-24 所示为用单结晶体管构成 RC 充放电式时间继电器的原理线路。电源接通后，经二极管 VD1 整流、电容 $C_1$ 滤波及稳压管稳压后的直流电压经 $R_{P1}$ 和 $R_2$ 向 $C_3$ 充电，电容器 $C_3$ 两端电压按指数规律上升。此电压大于单结晶体管 V 的峰点电压时，V 导通，输出脉冲使晶闸管 VT 导通，继电器线圈得电，触点动作，接通或分断外电路。它主要适用于中等延时时间（$0.05s \sim 1h$）的场合。数字式时间继电器采用计算机延时电路，由脉冲频率决定延时长短。它不但延时长，而且精度更高，延时过程可数字显示，延时方法灵活，但线路复杂，价格较贵，主要用于长时间延时场合。

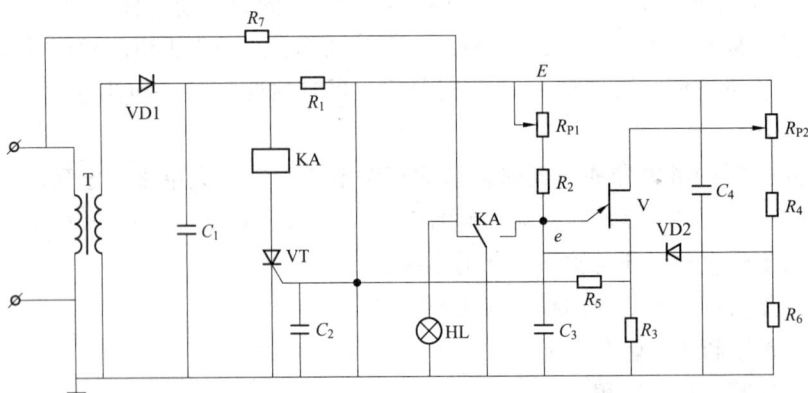

图 4-24　单结晶体管时间继电器电路原理

## 5. 时间继电器的电气符号

时间继电器的文字符号为 KT，图形符号如图 4-25 所示。

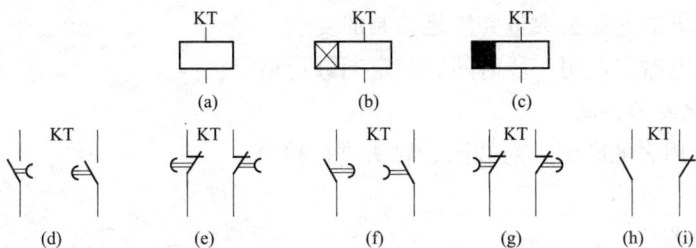

图 4-25 时间继电器的图形符号

(a) 线圈一般符号；(b) 通电延时线圈；(c) 断电延时线圈；(d) 通电延时闭合
动合触点；(e) 通电延时断开动断触点；(f) 断电延时断开
合触点；(g) 断电延时闭合动断触点；(h)、(i) 瞬动触点

## 6. 时间继电器的型号及含义

时间继电器的型号及含义如下：

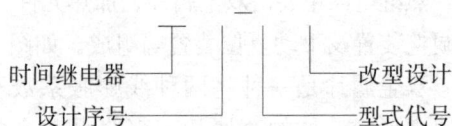

例如，JS7-2A，"JS" 代表时间继电器，设计序号为 "7"，具有 1 对瞬动动合触头，
1 对瞬动动断触头，1 对通电延时动合触头，1 对通电延时动断触头。常用的时间继电器
型号有 JS7-A、JS23 等，JS7-A 系列时间继电器的主要技术参数见表 4-3。

表 4-3　　　　　　　　JS7-A 系列时间继电器的主要技术参数

| 型号 | 瞬时动作触头数量 | | 有延时的触头数量 | | | | 触头额定电压 (V) | 触头额定电流 (A) | 线圈电压 (V) | 延时范围 (s) | 额定操作频率 (次/h) |
| | | | 通电延时 | | 断电延时 | | | | | | |
| | 动合 | 动断 | 动合 | 动断 | 动合 | 动断 | | | | | |
| JS7-1A | — | — | 1 | 1 | | | 380 | 5 | 24，36 | 0.4～60 0.4～180 | 600 |
| JS7-2A | 1 | 1 | 1 | 1 | — | | | | 110，270 | | |
| JS7-3A | — | — | | | 1 | 1 | | | 220，380 | | |
| JS7-4A | 1 | 1 | — | | 1 | 1 | | | 420 | | |

## 7. 时间继电器的主要技术参数

(1) 线圈额定电压：24、36、110、127、220、380、420V 等。

(2) 触头额定电压：一般为 380V。

(3) 触头额定电流：一般为 5A。

(4) 触头数量。

(5) 延时整定范围。

## 8. 时间继电器的选择与使用

(1) 根据控制回路的控制要求来选择继电器的延时方式。

(2) 根据控制的时间要求来选择继电器的延时范围。

（3）根据控制的精度要求来选择继电器的种类。

（4）根据控制回路的工作电压来选择继电器吸引线圈的额定电压。

（5）时间继电器的触头数量要满足控制的要求。

（6）时间继电器在使用一段时间后应定期进行整定。

9．时间继电器的检测

主要是用万用表的欧姆挡对线圈、触头进行检测。

## 五、热继电器

热继电器是利用电流通过发热元件所产生的热效应，使双金属片受热弯曲而推动机构动作的继电器，如图 4-26 所示。

1．热继电器的用途

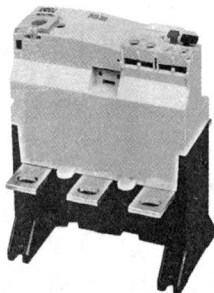

热继电器常与接触器配合使用，是专门用来对连续运行的电动机进行过载及断相保护，以防止电动机过热而烧毁的保护电器。

2．热继电器的结构及工作原理

热继电器主要由双金属片、加热元件、动作机构、触点系统、整定调整装置及手动复位装置等组成，如图 4-27 所示。

双金属片是一种将两种线膨胀系数不同的金属用机械辗压方法使之形成一体的金属片。膨胀系数大的（如铁镍铬合金、铜合金或高铝合金等）称为主动层，膨胀系数小的（如铁镍类合金）称为被动层。由于两种线膨胀系数不同的金属紧密地贴合在一起，当产生热效应时，使得双金属片向膨胀系数小的一侧弯曲，由弯曲产生的位移带动触头动作。

图 4-26　热继电器

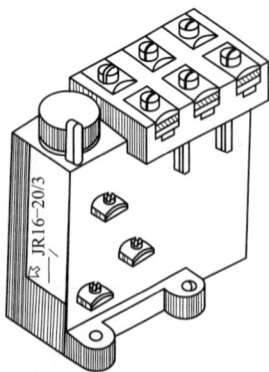

(a)

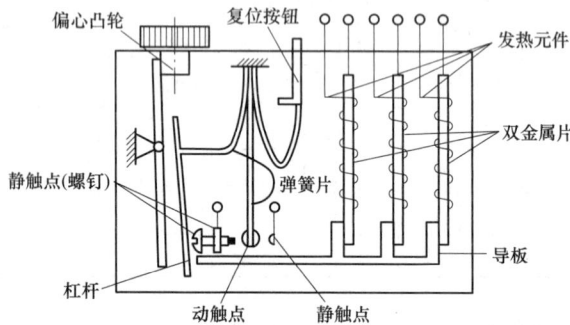

(b)

图 4-27　热继电器的外形和结构、原理图

（a）外形；（b）内部结构和原理示意图

热元件一般由铜镍合金、镍铬铁合金或铁铬铝等合金电阻材料制成，其形状有圆丝、扁丝、片状和带材几种。

热元件串接于电动机的定子电路中，通过热元件的电流就是电动机的工作电流。当电动机正常运行时，其工作电流通过热元件产生的热量不足以使双金属片变形，热继电器不会动作。当电动机发生过电流且超过整定值时，双金属片的热量增大而发生弯曲，经过一定时间后，使触点动作，通过控制电路切断电动机的工作电源。同时，热元件也因失电而逐渐降温，经过一段时间的冷却，双金属片恢复到原来状态。

热继电器动作电流的调节是通过旋转调节旋钮来实现的。调节旋钮为一个偏心轮，旋转调节旋钮可以改变传动杆和动触点之间的传动距离，距离越长动作电流就越大，反之动作电流就越小。

热继电器复位方式有自动复位和手动复位两种，将复位螺钉旋入，使常开的静触点向动触点靠近，这样动触点在闭合时处于不稳定状态，在双金属片冷却后动触点也返回，为自动复位方式。如果将复位螺丝旋出，触点不能自动复位，为手动复位方式。在手动复位方式下，需在双金属片恢复原状时按下复位按钮才能使触点复位。

需要注意的是，热继电器由于热惯性，当电路短路时不能立即动作使电路立即断开，因此不能作短路保护。同理，在电动机起动或短时过载时，热继电器也不会动作，这可避免电动机不必要的停车。

3. 热继电器的电气符号

热继电器的文字符号为 FR，图形符号如图 4-28 所示。

4. 热继电器的型号及含义

热继电器的型号及含义如下：

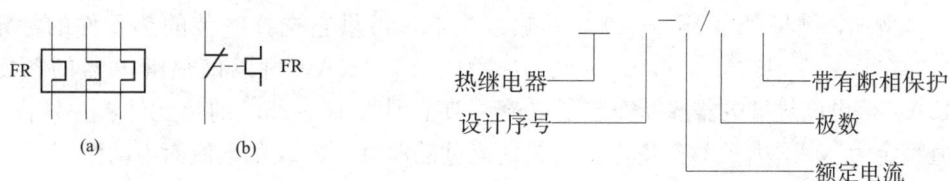

图 4-28 热继电器的图形及文字符号

(a) 热元件；(b) 动断触头

例如，JR0-20/3D，"JR"代表热继电器，设计序号为"0"，额定电流为 20A，具有 3 相热元件，带有断相保护功能。常用的热继电器型号有 JR0、JR16、JR36 等系列，其主要技术数据见表 4-4。

表 4-4　　　　　　　　　　　　　热继电器的主要技术数据

| 型号 | 额定电流（A） | 热元件额定电流（A） | 额定电流调节范围（A） | 主要用途 |
|---|---|---|---|---|
| JR0-20/3<br>JR0-20/3D<br>JR16-20/3<br>JR16-20/3D | 20 | 0.35<br>0.5<br>0.72<br>1.1<br>1.6<br>2.4<br>3.5<br>5.0<br>7.2<br>11<br>16<br>22 | 0.25～0.3～0.35<br>0.32～0.4～0.5<br>0.45～0.6～0.72<br>0.68～0.9～1.1<br>1.0～1.3～1.6<br>1.5～2.0～2.4<br>2.2～2.8～3.5<br>3.2～4.0～5.0<br>4.5～6.0～7.2<br>6.8～9.0～11.0<br>10.0～13.0～16.0<br>14.0～18.0～22.0 | 供 500V 以下电气回路中作为电动机的过载保护之用，D 表示带有断相保护装置 |

续表

| 型号 | 额定电流（A） | 热元件额定电流（A） | 额定电流调节范围（A） | 主要用途 |
|---|---|---|---|---|
| JR0-40/3<br>JR16-40/3D | 40 | 0.64<br>1.0<br>1.6<br>2.5<br>4.0<br>6.4<br>10<br>16<br>25<br>40 | 0.40~0.64<br>0.64~1.0<br>1.0~1.6<br>1.6~2.5<br>2.5~4.0<br>4.0~6.4<br>6.4~10<br>10~16<br>16~25<br>25~40 | 供500V以下电气回路中作为电动机的过载保护之用，D表示带有断相保护装置 |

5. 热继电器的主要技术参数

（1）热继电器的额定电流。是指热继电器中可以安装的热元件的最大额定电流。

（2）热元件的额定电流。是指热元件的最大整定电流。

（3）热元件的整定电流。是指热元件能够长期通过而不致引起热继电器动作的最大电流值。

（4）动作电流调节范围。是指热元件最小整定电流值与最大整定电流值之间的范围。热继电器无法整定出范围之外的动作电流。

（5）热元件相数。一般为两相或三相结构。

例如，某型号为 JR0-40/3 的热继电器，可供它选择安装的热元件的额定电流有 0.64、1.0、1.6、2.5、4.0、6.4、10、16、25、40A，所以该热继电器的额定电流为 40A。假设该热继电器选择安装了电流调节范围为 16~25A 的热元件，并且将动作电流值整定为 20A，那么该热继电器可长期流过最大值为 20A 的电流而不动作。

6. 热继电器的选择与使用

（1）热继电器结构形式的选择：星形接法的电动机可选用两相或三相结构的普通热继电器，三角形接法的电动机应选用带断相保护装置的三相结构热继电器。

（2）热继电器的额定电流的选择：应略大于电动机的额定电流。

（3）热继电器的动作电流值一般整定为电动机的额定电流。

（4）对于重复短时工作的电动机（如起重机电动机），由于电动机不断重复升温，热继电器双金属片的温升跟不上电动机绕组的温升，电动机将得不到可靠的过载保护。因此，不宜选用双金属片热继电器，而应选用过电流继电器或能反映绕组实际温度的温度继电器来进行保护。

7. 热继电器的检测

用万用表的欧姆挡测量，热元件应为导通，动断触头和动合触头应为常态值，按下 TEST 键后，动断触头和动合触头应改常态值为动作值。

8. 热继电器的常见故障及原因

（1）热继电器误动作。故障原因主要有：电流整定值太小；电动机起动时间过长；电动机频繁起动；受到强烈冲击或振动；环境温度高等。

（2）电路过载热继电器不动作。故障原因主要有：电流整定值偏大；触点损坏或未接入电路；热元件烧断；动作机构卡住；导板脱出等。

（3）热元件烧断。故障原因主要有：被保护电路短路；过热后不保护等。

## 六、速度继电器

速度继电器是根据电磁感应原理制成的，用于转速的检测，如用来在三相交流异步电动机反接制动转速过零时，自动断开反相序电源。图 4 - 29 为速度继电器外形、结构和符号图。

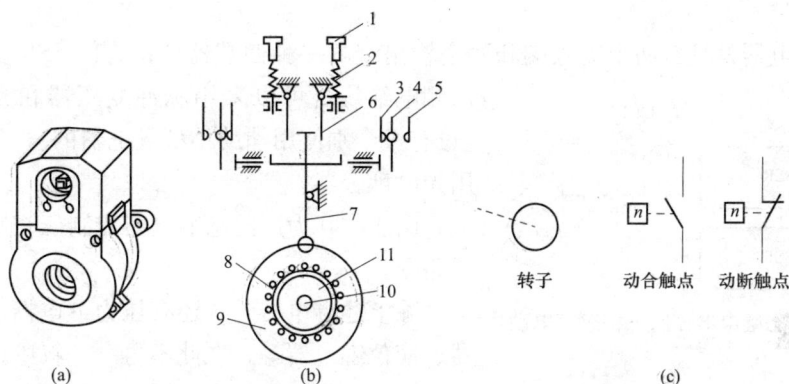

图 4 - 29　速度继电器外形、结构和符号图

(a) 外形；(b) 结构；(c) 符号

1—调节螺钉；2—反力弹簧；3—动断触点；4—动触点；5—动合触点；
6—返回杠杆；7—摆杆；8—笼型绕组；9—圆环；10—转轴；11—转子

据图 4 - 29 可知，速度继电器主要由转子、圆环（笼型空心绕组）和触点三部分组成。

转子是一个圆柱形永久磁铁，定子是一个鼠笼型空心圆环，由硅钢片叠成，并装有鼠笼型绕组。其转子的轴与被控电动机的轴相连接，当电动机转动时，转子（圆柱形永久磁铁）随之转动产生一个旋转磁场，定子中的鼠笼型绕组切割磁力线而产生感应电流和磁场，两个磁场相互作用，使定子受力而跟随转动，当达到一定转速时，装在定子轴上的摆锤推动簧片触点运动，使动断触点断开，动合触点闭合。当电动机转速低于某一数值时，定子产生的转矩减小，触点在簧片作用下复位。当调节弹簧弹力时，可使速度继电器在不同转速时切换触点，改变通断状态。

常用的速度继电器有 JY1 型和 JFZ0 型两种。其中，JY1 型可在 700～3600r/min 范围工作，JFZ0 - 1 型适用于 300～1000r/min，JFZ0 - 2 型适用于 1000～3000r/min。

一般速度继电器都具有两对转换触点，一对用于正转时动作，另一对用于反转时动作。触点额定电压为 380V，额定电流为 2A。通常速度继电器动作转速为 130r/min，复位转速在 100r/min 以下。

速度继电器的图形符号如图 4 - 29（c）所示，文字符号为 KS。

## 七、固态继电器

固态继电器简称 SSR，是一种全部由固态电子元件（如光电耦合器、晶体管、晶闸管、电阻、电容等）组成的无触点开关器件。与普通继电器一样，它的输入侧与输出侧之间是电绝缘的。但是与普通电磁继电器相比，SSR体积小，开关速度快，无机械触点，因此没有机械磨损，不怕有害气体腐蚀，没有机械噪声，耐振动、冲击，使用寿命长。它在通、断时没有火花和电弧，有利于防爆，干扰小（特别对微弱信号回路）。另外，SSR的驱动电压低，电流小，易于与计算机接口。因此，SSR作为自动控制的执行部件得到越来越广泛的应用，特别是在那些要求防爆、防震、防腐蚀的场合，如煤矿井下设备、油田和化工厂的电气控制设备以及航天、航空、车辆、轮船等控制设备中，SSR更显示出其优越性。

固态继电器是具有两个输入端和两个输出端的一种四端器件，为使SSR输入侧与输出侧电绝缘，可以采用脉冲变压器和光电耦合器（也有极个别使用辅助小型继电器的），目前大都采用光电耦合器。

图4-30为用固态继电器控制三相感应电动机线路图。

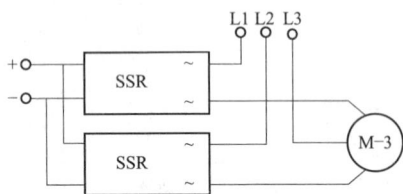

图4-30　固态继电器控制三相感应电动机

除上述继电器外，还有压力继电器、温度继电器、液位继电器等，在此不再一一叙述。

# 分块五　主令电器

自动控制系统中用于发送控制指令的电器称为主令电器。常用的主令电器有控制按钮、行程开关、接近开关、万能转换开关和主令控制器等几种。

## 一、控制按钮

### 1. 按钮的用途

控制按钮通常用作短时接通或断开小电流控制电路的开关。常用来发出动作命令，如起动、停止等，是最基本的主令电器。各种类型的按钮开关如图4-31所示。

图4-31　各种类型按钮开关

## 2. 按钮的结构、原理

控制按钮是由按钮帽、复位弹簧、桥式触头和外壳等组成。通常制成具有动合触头和动断触头的复合式结构，其结构示意图如图4-32所示。当按下按钮时，克服弹簧反作用力，先使动断触头分开，然后接通动合触头，即"先断后合"；当放开按钮时，由于复位弹簧的作用，触头又恢复原来的通断位置，也是"先断后合"。

## 3. 按钮的分类

(1) 按触头形式分：

常开按钮：拥有动合触头，也叫动合按钮，常用作起动按钮；

常闭按钮：拥有动断触头，也叫动断按钮，常用作停止按钮；

复合按钮：拥有动合动断两对触头，常用在控制电路中作连锁。

(2) 按外形和操作方式分。有平钮、急停按钮、旋钮式按钮等。紧急式按钮装有蘑菇形钮帽，以便于紧急操作；旋钮式按钮是用手扭动旋钮来进行操作的。

(3) 从按钮的触点动作方式分。可以分为直动式和微动式两种。直动式按钮的触点动作速度和手按下的速度有关；而微动式按钮的触点动作变换速度快，和手按下的速度无关。小型微动式按钮也叫微动开关，动触点由变形簧片组成，当弯形簧片受压向下运动低于平形簧片时，弯形簧片迅速变形，将平形簧片触点弹向上方，实现触点瞬间动作。

图4-32 控制按钮结构示意图
1—按钮帽；2—复位弹簧；3—动断触头；4—动触头；5—动合触头

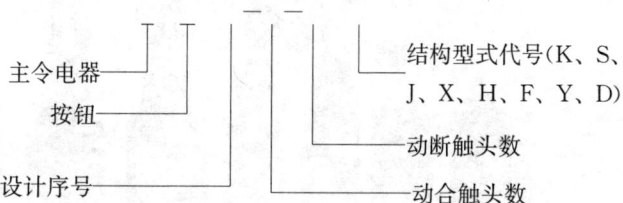

(4) 从按钮的复位方式分。按钮一般为自动复位式，也有自锁式按钮，最常用的按钮为复位式平按钮。

此外还有，指示灯式按钮内可装入信号灯显示信号，钥匙式按钮必须用钥匙才能操作。

## 4. 按钮的电气符号

按钮的文字符号为SB，图形符号如图4-33所示。

## 5. 按钮的型号及含义

按钮的型号及含义如下：

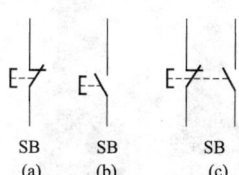

图4-33 图形符号及文字符号
(a) 动合按钮；(b) 动断按钮；(c) 复合按钮

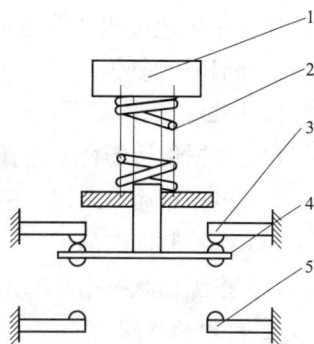

例如，LA19-22K，"LA"表示电器类型为按钮开关，"19"表示设计序号，前"2"表示动合触头数为两对，后"2"表示动断触头数为两对，"K"表示按钮开关的结构类型为开启式（其余常用类型分别为"H"：表示保护式，"X"：表示旋钮式，"D"：表示带指

示灯式，"J"：表示紧急式，若无标示则表示为平钮式）。常用的按钮有 LA2、LA18、LA19、LA20 及新型号 LA25 等系列。

**6. 按钮的颜色**

红色按钮用于"停止"、"失电"或"事故"。绿色按钮优先用于"起动"或"得电"，但也允许选用黑、白或灰色按钮。一钮双用的"起动"与"停止"或"得电"与"失电"，即交替按压后改变功能的，不能用红色按钮，也不能用绿色按钮，而应用黑、白或灰色按钮。按压时运动，抬起时停止运动（如点动、微动），应用黑、白、灰或绿色按钮，最好是黑色按钮，而不能用红色按钮。用于单一复位功能的，用蓝、黑、白或灰色按钮。同时有"复位"、"停止"与"失电"功能的用红色按钮。

**7. 按钮的选择**

（1）根据使用场合，选择控制按钮的种类，如开启式、防水式、防腐式等。

（2）根据用途，选用合适的型式，如钥匙式、紧急式、带灯式等。

（3）按控制回路的需要，确定不同的按钮数，如单钮、双钮、三钮、多钮等。

（4）按工作状态指示和工作情况的要求，选择按钮及指示灯的颜色。

**8. 按钮的检测**

使用万用表的欧姆挡，在复位状态下，动合触头应为开路，动断触头应为 $0\Omega$；在动作状态下，动断触头应为 $0\Omega$，动断触头应为开路。否则，应认真检查按钮触头的位置与高度是否有偏移，复位弹簧是否变形。

## 二、行程开关

**1. 行程开关的用途**

行程开关又称位置开关，用来反映工作机械的位置变化（行程），发出指令，用于控制生产机械的运动方向、速度、行程大小或位置等。如果把行程开关安装在工作机械行程的终点处，以限制其行程，就称为限位开关或终端开关。它不仅是控制电器，也是实现终端保护的保护电器。各种类型行程开关如图 4-34 所示。

图 4-34 各种类型行程开关

2. 行程开关的分类

根据结构不同，行程开关可分为直动式、滚动式和微动式。按复位方式分为自动复位行程开关和非自动复位行程开关。按动作速度分为瞬动行程开关和慢动（蠕动）行程开关。按触点性质可分为有触点式和无触点式（接近开关）。

（1）有触点行程开关。有触点行程开关简称行程开关，主要由触头系统、操动机构和外壳组成。其工作原理和按钮基本相同，区别在于它不是靠手的按压，而是利用生产机械运动的部件碰压使触点动作来发出控制指令的主令电器。

直动式和单轮旋转式行程开关为自动复位式，如图4-35所示。双轮旋转式行程开关没有复位弹簧，在挡铁离开后不能自动复位，必须由挡铁从反方向碰撞后，开关才能复位。

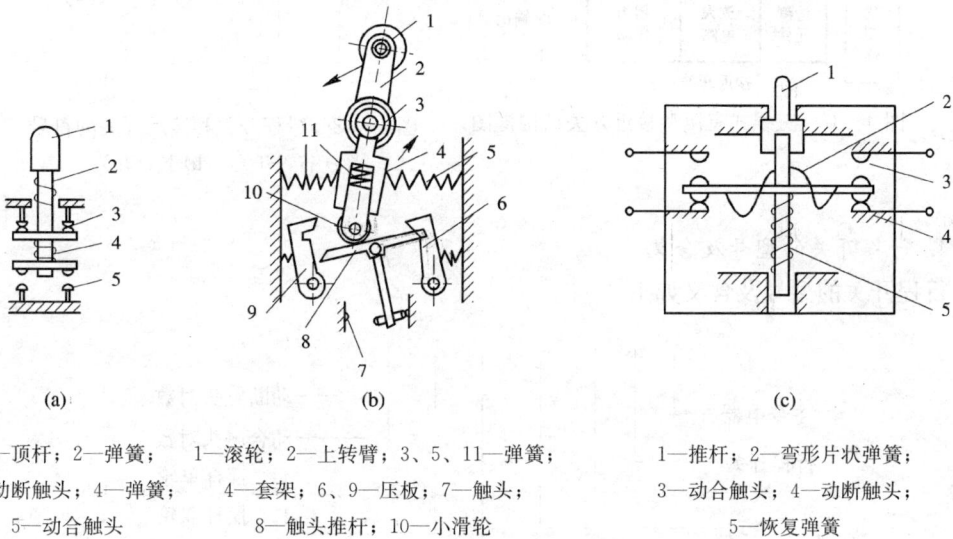

(a)　　　　　　(b)　　　　　　(c)

1—顶杆；2—弹簧；　　1—滚轮；2—上转臂；3、5、11—弹簧；　　1—推杆；2—弯形片状弹簧；
3—动断触头；4—弹簧；　　4—套架；6、9—压板；7—触头；　　3—动合触头；4—动断触头；
5—动合触头　　　　8—触头推杆；10—小滑轮　　　　5—恢复弹簧

图4-35　行程开关的结构
(a) 直动式；(b) 滚动式；(c) 微动式

行程开关的主要参数有型式、动作行程、工作电压及触头的电流容量。目前，国内生产的行程开关有LXK3、3SE3、LX19、LXW和LX等系列。

（2）无触点行程开关。无触点行程开关又称接近开关，它可以代替有触头行程开关来完成行程控制和限位保护，还可用于高频计数、测速、液位控制、零件尺寸检测、加工程序的自动衔接等的非接触式开关。由于它具有非接触式触发、动作速度快、可在不同的检测距离内动作、发出的信号稳定无脉动、工作稳定可靠、寿命长、重复定位精度高以及能适应恶劣的工作环境等特点，所以在机床、纺织、印刷、塑料等工业生产中广泛应用，如图4-36所示。

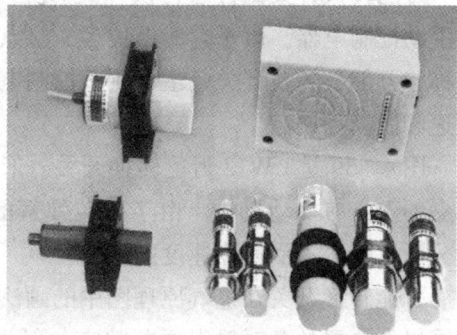

图4-36　各种接近开关

　　无触点行程开关分为有源型和无源型两种，多数无触点行程开关为有源型，主要包括检测元件、放大电路、输出驱动电路3部分，一般采用5～24V的直流电流，或220V交流电源等。图4-37为三线式有源型接近开关结构框图。

　　接近开关按检测元件工作原理可分为高频振荡型、超声波型、电容型、电磁感应型、永磁型、霍尔元件型与磁敏元件型等。不同型式的接近开关所检测的被检测体不同。

　　接近开关的产品种类十分丰富，常用的国产接近开关有LJ、3SG和LXJ18等多种系列。

### 3. 行程开关的电气符号

行程开关的文字符号为SQ，图形符号如图4-38所示。

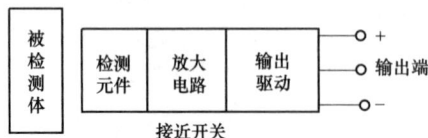

图4-37　三线式有源型接近开关结构框图

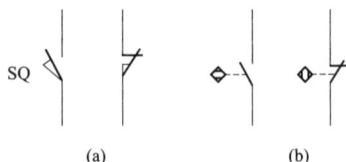

图4-38　行程开关和接近开关的符号

（a）行程开关；（b）接近开关

### 4. 行程开关的型号及含义

行程开关的型号及含义如下：

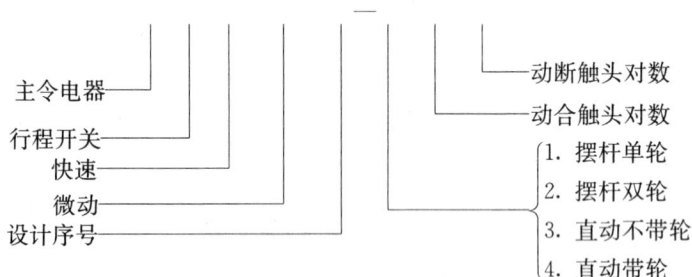

主令电器
行程开关
快速
微动
设计序号

动断触头对数
动合触头对数
1. 摆杆单轮
2. 摆杆双轮
3. 直动不带轮
4. 直动带轮

## 三、万能转换开关

　　万能转换开关比普通转换开关有更多的操作位置和触点，能够控制多个电路，是一种手动控制电器。由于它的挡位多、触点多，可控制多个电路，能适应复杂线路的要求，故称"万能"转换开关，主要用于控制电路换接，也可用于小容量电动机的起动、换向、调速和制动控制。

　　图4-39是LW12万能转换开关外形图，它是由多组相同结构的触点叠装而成，在触头盒的上方有操动机构。由于扭转弹簧的储能作用，操作呈现了瞬时动作的性质，故触头分断迅速，不受操作速度的影响。

　　万能转换开关在电气原理图中的画法，如图4-40所示。图中虚线表示操作位置，而不同操作位置的各对触点通断状态与触点下方或右侧对应，规定用于虚线相交位置上的涂黑圆点表示接通，没有涂黑圆点表示断开。另一种是用触点通断状态表来表示，表中以"＋"（或"×"）表示触点闭合，"－"（或无记号）表示分断。万能转换开关的文字符号为SA。

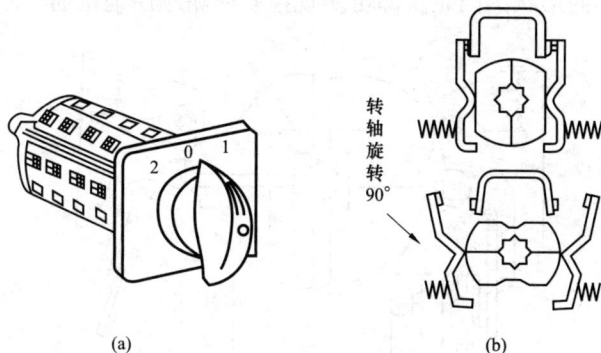

图 4-39　LW12 万能转换开关外形图

(a) 外形；(b) 凸轮通断触点示意图

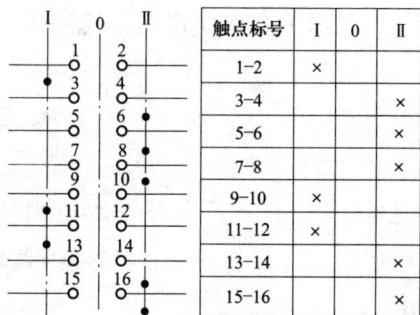

| 触点标号 | I | 0 | II |
|---|---|---|---|
| 1-2 | × | | |
| 3-4 | | | × |
| 5-6 | | | × |
| 7-8 | | | × |
| 9-10 | × | | |
| 11-12 | × | | |
| 13-14 | | | × |
| 15-16 | | | × |

图 4-40　万转开关的两种表示方法

常用的万能转换开关有 LW2、LW5、LW6、LW15 等系列。其型号及含义如下：

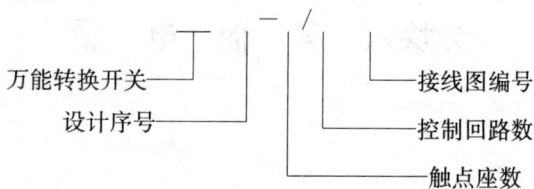

## 四、主令控制器

主令控制器是一种频繁切换复杂的多回路控制电路的主令电器，主要用于电力拖动系统中，按照预定的程序分合触头，向控制系统发出指令，通过接触器达到对电动机起动、制动、调速和反转的控制。它操作方便，触点为双断点桥式结构，适用于按顺序操作的多个控制回路。主令控制器一般由外壳、触头、凸轮、转轴等组成，与万能转换开关相比，它的触头容量大一些，操作挡位较多。

主令控制器结构原理如图 4-41 所示。图中 1 和 7 是固定于方轴上的凸轮块，2 是接线柱，由它连向被操作的回路；静触点 3 由桥式动触点 4 来闭合与断开，动触点 4 固定于转动轴 6 转动的支杆 5 上。当操作者用手柄转动凸轮块 7 的方轴，使凸轮块的凸出部分推压小轮 8 带动支杆 5 向外张开，使被操作的回路失电，在其他情况下（凸轮块离开推压轮）触点是闭合的。根据每块凸轮块的形状不同，可使触点按一定顺序闭合或断开。这样只要安装一层层不同形状的凸轮块即可实现控制回路顺序地接通与断开。

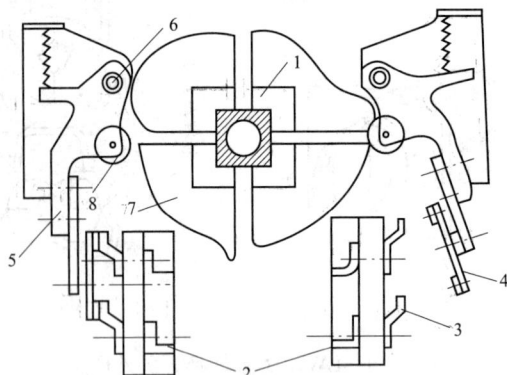

图 4-41 主令控制器的结构原理

1、7—凸轮块；2—接线柱；3—静触点；4—动触点；5—支杆；6—转动轴；8—小轮

主令控制器触头的通断，一般用关合次序说明，其关合次序表示法有两种，与万能转换开关的表示方法一致。

主令控制器的型号及含义如下：

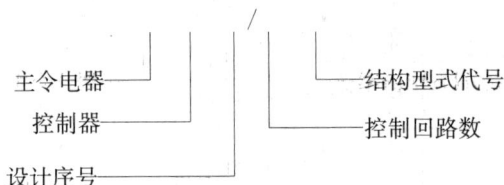

此外，常用的主令电器还有凸轮控制器，与主令控制器的原理相似，属于大型手动控制电器，在此不再叙述。

# 分块六 其 他 电 器

## 一、熔断器

### 1. 熔断器的用途

熔断器是最基本、最常见的保护电器之一，主要用于供电线路和电气设备的短路保护。

### 2. 熔断器的结构原理

熔断器的结构一般分为熔体座和熔体等部分。熔体由易熔金属材料铅、锌、锡、铜、银及其合金制成，形状常为丝状、片状或网状。由铅锡合金和锌等低熔点金属制成的熔体，因不易灭弧，多用于小电流电路；由铜、银等高熔点金属制成的熔体，易于灭弧，多用于大电流电路。

熔断器串接于被保护电路中，当电路电流超过一定值时，熔体因发热而熔断，使电路被切断，从而起到保护作用。电流通过熔体时产生的热量与电流平方和电流通过的时间成正比，电流越大，则熔体熔断时间越短，这种特性称为熔断器的反时限保护特性或安秒特性，如图 4-42 所示。图中 $I_N$ 为熔断器额定电流，熔体允许长期通过额定电流而不熔断。

3. 熔断器的分类

按结构形式分为开启式、半封闭式、封闭式；按外壳内是否有填料分为有填料式、无填料式；按熔体的替换和装拆情况分为可拆式、不可拆式等。

常用的熔断器外形如图 4-43 所示。

(1) 瓷插式熔断器。常用的瓷插式熔断器为 RC1A 系列，它由瓷盖、瓷底座、静触头、动触头和熔体组成，其结构如图 4-43 (a) 所示。静触头在瓷底座两端，中间有一空腔，它与瓷盖的凸起部分共同形成灭弧室。额定电流在 60A 以上的，

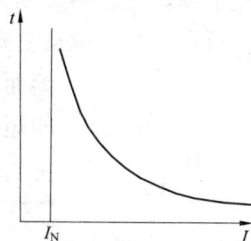

图 4-42 熔断器的反时限保护特性

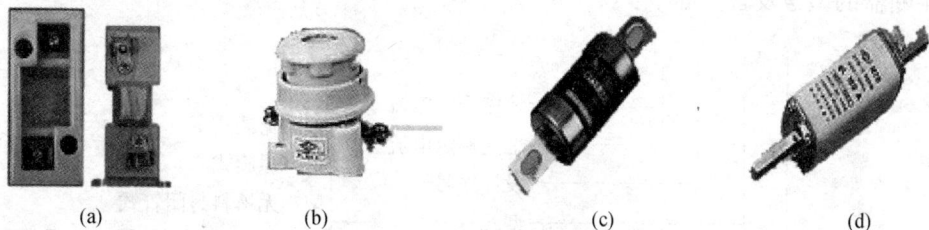

图 4-43 熔断器外形图
(a) 瓷插式；(b) 螺旋式；(c) 无填料密封管式；(d) 有填料密封管式

灭弧室中还有帮助灭弧的编织石棉带。动触头在瓷盖两端，熔体沿凸起部分跨接在两个动触头上。瓷插式熔断器一般用于交流 50Hz，额定电压 380V 及以下、额定电流 200A 以下的电路末端，用于电气设备的短路保护和照明电路的保护。

(2) 有填料螺旋式熔断器。它由瓷帽、熔管、瓷套及瓷座等组成。熔管是一个瓷管，内装熔体和灭弧介质石英砂，熔体的两端焊在熔管两端的金属盖上，其一端标有不同颜色的熔断指示器，当熔体熔断时指示器弹出，便于发现并更换同型号的熔管。该熔断器的优点是体积小，灭弧能力强，有熔断指示，工作安全可靠。因此，在交流额定电压 500V、额定电流 200A 及以下的配电和机电设备中大量使用。

(3) 快速熔断器。快速熔断器又叫半导体器件保护用熔断器，主要用于半导体功率元件的过电流保护。由于半导体元件承受过电流的能力很差，只允许在较短的时间内承受一定的过载电流（如 70A 的晶闸管能承受 6 倍额定电流的时间仅为 10ms），因此要求短路保护元件应具有快速动作的特征。快速熔断器能满足这一要求，且结构简单，使用方便，动作灵敏可靠，因而得到了广泛应用。

常用的快速熔断器有 RS0、RS3、RLS2 等系列，RLS2 系列的结构与 RL1 系列相似，适用于小容量硅元件及其成套装置的短路和过载保护；RS0 和 RS3 系列适用于半导体整流元件和晶闸管的短路和过载保护，它们的结构相同，但 RS3 系列的动作更快，分断能力更高。

(4) 自复式熔断器。常用的熔断器，熔体一旦熔断，必须更换新的熔体后才能使电路重新接通，既不方便，也不能及时恢复供电。近年来，可重复使用一定次数的自复式熔断器开始在电力网络的输配电线路中得到应用。自复式熔断器由金属钠制成熔丝，它在常温下具有高电导率（略次于铜），短路电流产生的高温能使钠汽化，气压增高，高温高压下气态钠的电阻迅速增大，呈高电阻状态，从而限制了短路电流。当短路电流消失后，

温度下降，气态钠又变为固态钠，恢复原来良好的导电性能，故自复式熔断器可重复使用。可见，与其说自复式熔断器是一种熔断器，还不如说它是一个非线性电阻，因为它熔而不断，不能真正分断电路，但由于它具有限流作用显著、动作时间短、动作后不需要更换熔体等优点，在生产中应用范围不断扩大，常与断路器配合使用，以提高组合分断性能。目前，自复式熔断器有 RZ1 系列熔断器，它适用于交流 380V 的电路中与断路器配合使用。

图 4 - 44 熔断器的符号

**4. 熔断器的电气符号**

熔断器的文字符号为 FU，图形符号如图 4 - 44 所示。

**5. 熔断器的型号及含义**

熔断器的型号及含义如下：

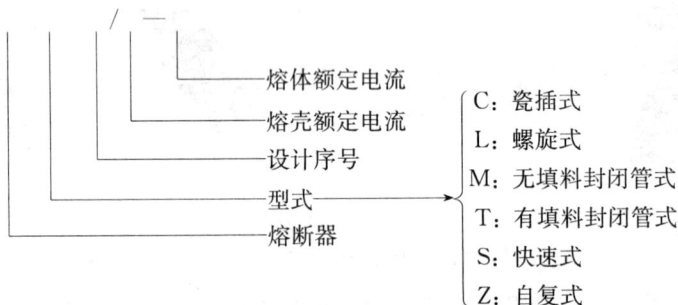

```
                    熔体额定电流
                    熔壳额定电流          C：瓷插式
                    设计序号             L：螺旋式
                    型式                 M：无填料封闭管式
                    熔断器               T：有填料封闭管式
                                        S：快速式
                                        Z：自复式
```

例如，RTO - 32/20，熔断器底座额定电流为 32A，熔芯为有填料式 20A。

**6. 熔断器的主要技术参数**

(1) 额定电压是指保证熔断器能长期正常工作的电压。

(2) 熔体额定电流是指熔体长期通过而不会熔断的最大电流。

(3) 熔断器额定电流是指保证熔断器能长期正常工作的最大电流。

(4) 极限分断能力是指熔断器在额定电压下所能开断的最大短路电流。它取决于熔断器的灭弧能力，与熔体的额定电流大小无关。

**7. 熔断器的选用**

对熔断器的要求是：在电气设备正常运行时，熔断器不应熔断；在出现短路时，应立即熔断；在电流发生正常变动（如电动机起动过程）时，熔断器不应熔断。

(1) 熔断器的额定电压要大于或等于电路的额定电压。

(2) 熔断器的额定电流应不小于所装熔体的额定电流。

(3) 熔体额定电流的选择。

1) 对于电炉和照明等电阻性负载，可用作短路保护和过载保护。这类负载起动过程很短，运行电流较平稳，一般按负载额定电流的 1～1.1 倍选用熔体的额定电流，进而选定熔断器的额定电流。

2) 电动机等感性负载，这类负载的起动电流很大，熔体的额定电流应考虑起动时熔体不能熔断而选得较大些，这样熔断器就难以起到过载保护作用，而只能用作短路保护，过载保护应用热继电器才行。

对于单台电动机，一般选择熔体的额定电流为电动机额定电流的 1.5～2.5 倍。轻载起动或起动时间较短时，系数可取 1.5，带负载起动、起动时间较长或起动较频繁时，系数可取 2.5。

对于多台电动机，要求熔体的额定电流（$I_{fN}$）应不小于最大一台电动机额定电流（$I_{Nmax}$）的 1.5～2.5 倍加上同时使用的其他电动机额定电流之和（$\sum I_N$），即

$$I_{fN} \geqslant (1.5 \sim 2.5) I_{Nmax} + \sum I_N$$

3）为防止发生越级熔断，上、下级（供电干、支线）熔断器间应有良好的协调配合，两级熔体额定电流的比值不小于 1.9：1。

8. 熔断器使用维护注意事项

（1）熔断器的熔芯和底座的接触应保持良好。

（2）熔体烧断后，应首先查明原因，排除故障。更换熔体时，应使新熔体的规格与换下来的一致，不得拿铜丝或铁丝代替熔丝。

（3）更换熔体或熔管时，必须将电源断开，防止触电。

（4）安装螺旋式熔断器时，电源线应接在瓷底座的下接线座上，负载线应接在螺纹壳的上接线座上。这样可保证更换熔管时，螺纹壳体不带电，保证操作者人身安全。

## 二、电磁制动器

起升机械的制动停车是整个起重工作的重要环节之一，必须做到准确可靠。电磁抱闸制动器的作用是使起重机的平移和起升、下降等运动机构准确可靠地停止在所需的位置，以防止物体坠落、撞击等事故的发生。起重机通常采用闭式双闸瓦制动器。

电磁抱闸制动器是由闸瓦制动器配上制动电磁铁而构成的，电磁铁由铁心、衔铁和线圈三部分组成。TJ2 型交流电磁制动器的示意图如图 4-45 所示，通常电磁制动器和电动机轴安装在一起，其电磁制动线圈和电动机线圈并联，二者同时得电或电磁制动线圈先得电，电动机紧随其后得电。电磁制动器线圈得电吸引衔铁使弹簧受压，闸瓦和固定在电动机轴上的闸轮松开，电动机旋转，当电动机和电磁制动器同时失电时，在压缩弹簧的作用下闸瓦将闸轮抱紧，使电动机制动。根据它的制动形态，人们又称电磁制动器为电磁抱闸。

电磁铁的图形符号和电磁制动器一样，文字符号为 YB。

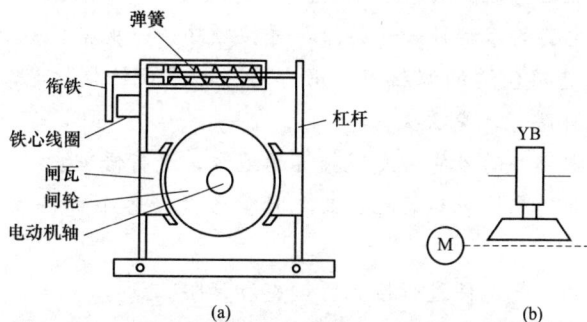

图 4-45 TJ2 型交流电磁制动器的示意图及图形符号

(a) 电磁制动器示意图；(b) 电磁制动器图形符号

电磁抱闸制动器的主要技术参数有额定电压、通电持续率、线圈匝数、制动轮直径、制动力矩等。

## 实训低压电器的认知、整定、检测、拆装与修理

一、实训目的

(1) 熟悉常用低压电器的结构，了解其工作原理。

(2) 学会时间继电器、热继电器的参数整定。

(3) 掌握常用低压电器的检测步骤与方法。

(4) 掌握交流接触器、组合开关、按钮等的拆装。

(5) 掌握常用低压电器的修理方法。

二、实训工具及器材

(1) 常用电工工具1套。

(2) 万用表1只。

(3) 按钮、低压开关、接触器、继电器等各种常用低压电器。

三、实训要求与步骤

1. 纪律要求

实验期间必须穿工作服（或学生服）、胶底鞋；注意安全、遵守实习纪律，做到有事请假，不得无故不到或随意离开；实验过程中要爱护实验器材，节约用料。

2. 步骤及要求

(1) 低压电器认知：说出所示低压电器的名称及用途。

(2) 结构认知：说出所示低压电器零部件的名称。

(3) 参数整定：根据老师要求整定继电器的参数。

(4) 性能检测：正确使用万用表，准确检测低压电器的性能好坏。

(5) 拆装修理：拆装修理交流接触器、组合开关、按钮等。装配修理结束后，要重新进行调整和检测，直至合格。

低压电器拆装的一般步骤与注意事项如下。

(1) 了解低压电器的结构组成和特点。

(2) 根据结构特点选择适当的拆装工具。

(3) 由外向内将电器的零部件一一拆除，并按顺序一一观察、辨别、标识并记录。拆除时，一方面要注意选用合适的螺丝刀，用力均匀，防止丝口打毛，另一方面还要防止弹簧、垫片、螺钉的弹跳，以免丢失。

(4) 认真检查各零部件的性能，发现损坏的地方，进行修理。

(5) 按顺序将拆开的零件重新装配。装配时要注意使各个部件装配到位，动作灵活，不能漏装任何零部件。

(6) 对新装配好的电气元件进行检测、调整和试验。

3. 实训报告

实训过程中应认真参考教材和其他材料，完成指导教师布置的作业，实训完成后每位学生应写一份实训报告。

四、考核标准

(1) 不知道电器的基本名称，每个扣5分。

（2）不知道零部件的名称，每个扣 2 分。

（3）不会整定参数，每个扣 5 分。

（4）万用表使用不规范，每次扣 5 分。

（5）检测方法不正确，每次扣 2 分。

（6）拆装电气元件不正确，每个扣 5 分。

（7）修理电气元件不合格，每处扣 2 分。

（8）回答相关问题不正确，每处扣 2 分。

（9）不遵守安全文明生产规章，每次扣 10 分。

# 模块五

# 三相异步电动机控制线路及故障分析

三相笼型异步电动机坚固耐用，结构简单，且价格经济，在生产机械中应用十分广泛。在生产实践中，由于各种生产机械的工作性质和加工工艺的不同，使得它们对电动机的控制要求不同，需用的电器类型和数量不同，构成的控制线路也就不同，有的比较简单，有的则相当复杂。但任何复杂的控制线路也是由一些基本控制线路组合起来的。电动机常见的基本控制线路有：点动控制线路、长动控制线路、正反转控制线路、位置控制线路、顺序控制线路、多地控制线路、降压起动控制线路、制动控制线路和调速控制线路等。本模块的任务就是学习三相笼型异步电动机的基本控制线路、配线工艺及故障分析。

## 知识目标

了解三相异步电动机基本控制线路的应用；理解三相异步电动机基本控制线路的工作原理。

## 能力目标

掌握三相异步电动机基本控制线路的配线方法；掌握三相异步电动机基本控制线路故障的分析方法。

## 器材准备

常用配线工具、常用低压电器、导线、万用表、绝缘电阻表。

## 分块一　三相异步电动机直接起动控制

直接起动又称全压起动，就是将额定电压直接加到电动机的定子绕组上，使电动机起动。

### 一、点动控制

所谓点动控制，是指按下按钮时电动机动作，松开按钮时，电动机即停止工作。生产机械在进行试车和调整时常要求点动控制。

图 5-1 为点动控制电路图，它由组合开关 QS、熔断器 FU1、按钮 SB、接触器 KM

和电动机 M 组成。当电动机需要点动时，先合上 QS，再按下 SB，使接触器 KM 线圈得电，铁心吸合，于是接触器的三对主触头闭合，电动机与电源接通而运转。松开 SB 后，接触器 KM 的线圈失电，动铁心在弹簧力作用下释放复位，主触头 KM 断开，电动机停止运行。

## 二、长动控制

大多数生产机械需要连续工作，如水泵、通风机、机床等，如果仍采用点动控制电路，则需要操作人员一直按着按钮来工作，这显然不符合生产实际的要求。为了使电动机在按钮按过以后能保持连续运转，需用接触器的一副动合触头与按钮并联，如图 5-2 所示。

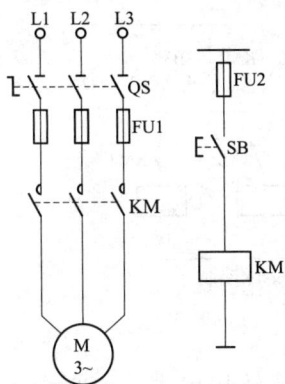

图 5-1 点动控制          图 5-2 长动控制

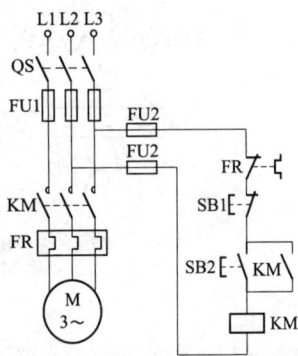

### 1. 线路分析

当按下起动按钮 SB2 以后，接触器 KM 线圈得电，其主触头 KM 闭合，电动机运转。同时辅助触头 KM 也闭合，它给线圈 KM 另外提供了一条通路，因此按钮松开后线圈能保持得电，电动机便可连续运行。接触器用自己的动合辅助触头"锁住"自己的线圈电路，这种作用称为自锁，此时该触头称为自锁触头（或自保触头）。这时的按钮 SB2 已不再起点动作用，故改称它为起动按钮。另外，电路中还串接了一个停止按钮 SB1，当需要电动机停转时，按下 SB1 使动断触头断开，线圈 KM 失电，主触头和自锁触头同时断开，电动机停止运行。

### 2. 保护环节

（1）短路保护。熔断器 FU1、FU2 分别作主电路和控制线路的短路保护，当线路发生短路故障时能迅速切断电源。

（2）过载保护。通常生产机械中需要持续运行的电动机均用热继电器做过载保护，其特点是过载电流越大，保护动作越快，但不会受电动机起动电流影响而动作。

（3）失电压和欠电压保护。依靠接触器自身电磁机构实现失电压和欠电压保护，即在停电或电压过低时，接触器线圈的电磁吸力消失或不足，使主触头断开，切断了电动机的电源，同时使自锁触头断开。而当电源恢复正常时，必须再按起动按钮才能使电动机重新起动。如果使用手动刀开关控制，则当电源恢复时，电动机会自行起动，有可能造成人身和设备事故。

### 三、正反转控制

生产上有许多设备需要正、反两个方向的运动，如机床主轴的正转和反转，工作台的前进和后退，吊车的上升和下降等，都要求电动机能够正反转。为了实现三相异步电动机的正、反转，只要将接到电源的三根连线中的任意两根对调即可。因此，可利用两个接触器和三个按钮组成正反转控制电路，如图 5－3 所示。

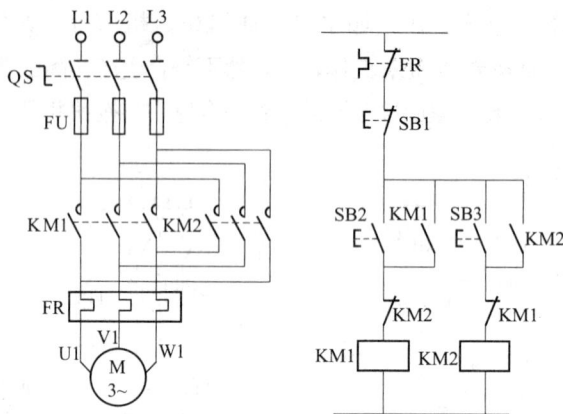

图 5－3　接触器互锁正反转控制

线路分析如下：

图 5－3 中，KM1 为正转接触器，KM2 为反转接触器，SB2 为正向起动按钮，SB3 为反向起动按钮。正转接触器 KM1 的三对主触头把电动机按相序 L1—U1、L2—V1、L3—W1 与电源相接；反转接触器 KM2 的三对主触头把电动机按相序 L3—U1、L2—V1、L1—W1 与电源相接。因此，当按下 SB2 时，KM1 接通并自锁，电动机正转；如果按下 SB3，则 KM3 接通并自锁，电动机反转。当按下停止按钮 SB1 时，接触器释放，电动机停止运行。

从主电路可以看出，KM1 和 KM2 的主触头是不允许同时闭合的，否则会发生相间短路，因此要求在各自的控制电路中串接入对方的动断辅助触头。当正转接触器 KM1 的线圈得电时，其动断触头断开，即使按下 SB3 也不能使 KM2 线圈得电；同理，当 KM2 的线圈得电时，其动断触头断开，也不能使 KM1 线圈得电。这两个接触器利用各自的触头封锁对方的控制电路，称为互锁。这两个动断触头称为互锁触头。控制电路中加入互锁环节后，就能够避免两个接触器同时得电，从而防止了相间短路事故的发生。

该电路的工作过程：

（1）电路送电：合上 QS→电路得电。

（2）正转控制：

正转：按下 SB2→KM1 线圈得电 ⎰ KM1 主触头闭合→电动机正向运行
⎱ KM1 动断辅助触头断开，实现互锁
⎱ KM1 动合辅助触头闭合，实现自锁

停止：按下 SB1→KM1 线圈失电 ⎰ KM1 主触头断开→电动机惯性运行
⎱ KM1 动合辅助触头断开，解除自锁
⎱ KM1 动断辅助触头闭合，为电动机反转做准备

（3）反转控制：

反转：按下 SB3→KM2 线圈得电 $\begin{cases} \text{KM2 主触头闭合→电动机反向运行} \\ \text{KM2 动断辅助触头断开，实现互锁} \\ \text{KM2 动合辅助触头闭合，实现自锁} \end{cases}$

停止：按下 SB1→KM2 线圈失电 $\begin{cases} \text{KM2 主触头断开→电动机停止运行} \\ \text{KM2 动合辅助触头断开，解除自锁} \\ \text{KM2 动断辅助触头闭合，解除互锁} \end{cases}$

上述电路中，当电动机在正转时如要使其反转，必须先按停止按钮 SB1，令 KM1 失电，常闭辅助触头 KM1 复位，然后按下 SB3，才能使 KM2 得电，电动机反转。如果不按 SB1 而直接按 SB3，将不起作用。反之，由反转改为正转也要先按停止按钮。这种操作方式适用于大功率电动机及一些频繁正、反转的电动机。因为电动机如果由正转直接变为反转或由反转直接变为正转，在换接瞬间，其转差率 $s$ 接近等于 2，不仅会引起很大的电流冲击，而且会造成相当大的机械冲击。如果频繁正反转，还会使热继电器动作，故对大功率电动机及一些频繁正、反转的电动机一般应先按停止按钮，待转速下降后再反转。图 5-3 所示的控制电路能防止因操作失误而造成正、反转的直接切换。但是对于一些功率较小的允许直接正、反转切换的电动机，采用这种电路会使操作不方便，为此可采用复式按钮互锁的控制电路，如图 5-4 所示。

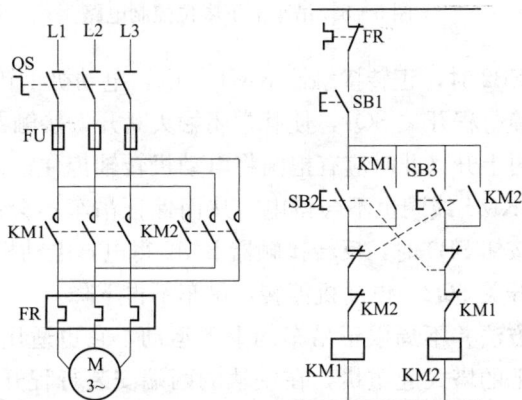

图 5-4 按钮、接触器双重互锁的正反转控制

电动机正转时，按下反转按钮 SB3，它的动断触头断开，使正转接触器 KM1 线圈失电，同时 SB3 的动合触头闭合，使反转接触器 KM2 线圈得电，于是电动机由正转直接变为反转。同理，按下 SB2 可以使电动机由反转改为正转，操作比较方便。还可以称图 5-3 的电路为"正—停—反"电路，而称图 5-4 的电路为"正—反—停"电路。

**四、限位控制**

在生产中，由于工艺和安全的需要，常要求按照生产机械中某一运动部件的行程或位置变化来对生产机械进行控制，如吊钩上升到终点时要求自动停止，龙门刨床的工作台要求在一定范围内自动往返等，这类自动控制称为行程控制或限位控制。限位控制通常是利用行程开关来实现的。

图 5-5 是吊车上下限位控制电路，它能够按照所要求的空间限位使电动机自动停车。在吊车上安装一块撞块，在吊车上下行程两端的终点处分别安装行程开关 SQ1 和 SQ2，将它们的常闭触头串接在电动机正反转接触器 KM1 和 KM2 的线圈回路中。

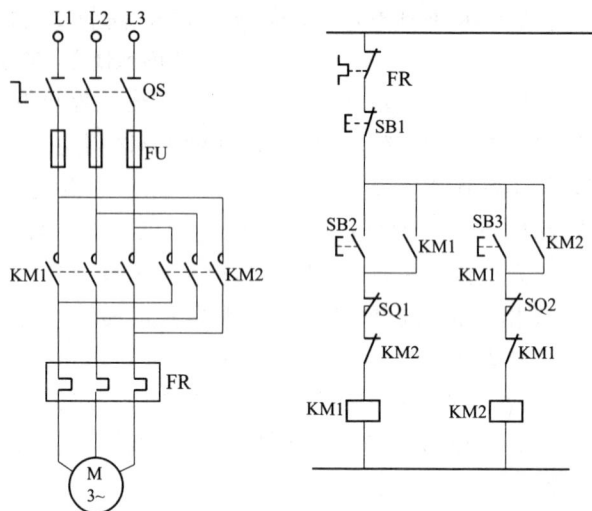

图 5-5　吊车上下限位控制电路

当按下正转按钮 SB2 时，正转接触器 KM1 得电，电动机正转，此时吊车上升。到达顶点时，吊车撞块顶撞行程开关 SQ1，使其常闭触头断开，接触器线圈 KM1 失电，于是电动机停转，吊车不再上升（此时应有抱闸将电动机转轴抱住，以免重物滑下），此时即使再误按 SB2 接触器 KM1 线圈也不会得电，从而保证吊车不会运行超过 SQ1 所在的极限位置。当按下反转按钮 SB3 时，反转接触器 KM2 得电，电动机反转，吊车下降，到达下端终点时顶撞行程开关 SQ2，电动机停转，吊车不再下降。

这种限位控制的方法并不局限于吊车的上下运动，它也适用于有同类要求的其他生产机械，如建筑工地上的塔式起重机，在铁轨的两端安装行程开关可以防止起重机行走时超出极限位置而出轨。

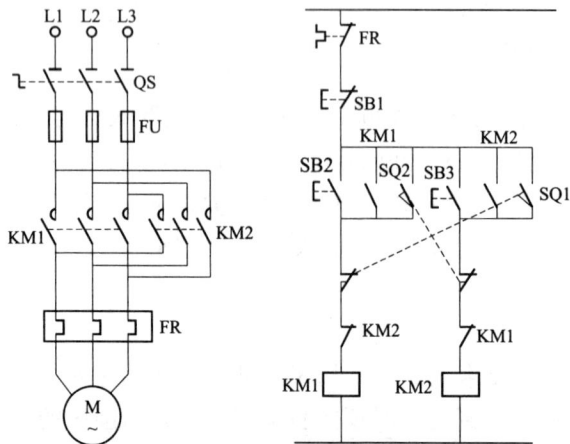

图 5-6　自动往复行程控制

某些生产机械如万能铣床要求工作台在一定距离内能自动往复运动，以便对工件连续加工。为实现这种自动往复行程控制，可将行程开关 SQ1 和 SQ2 安装在机床床身的左右两侧，将撞块 AB 装在工作台上，并在图 5-5 的基础上再将行程开关 SQ1 的动合触头与反转按钮 SB3 并联，将行程开关 SQ2 的动合触头与正转按钮 SB2 并联，如图 5-6 所示。

当电动机正转带动工作台向右运动到极限位置时，撞块 A 碰撞行程开关 SQ1，一方面使其动断触头断开，使电动机先停转，另一方面也使其动合触头闭合，相当于自动按了反转按钮 SB3，使电动机反转带动工作台向左运动。这时撞块 A 离开行程开关 SQ1，其触头自动复位。由于接触器 KM2 自锁，故电动机继续带动工作台左移，当移动到左面极限位置时，撞块 B 碰到行程开关 SQ2，一方面使其动断触头断开，使电动机先停转，另一方面其常开触头又闭合，相当于按下正转按钮 SB2，使电动机正转，带动工作台右移。如此往复不已，直至按下停止按钮 SB1 才会停止。

# 分块二　三相异步电动机降压起动及制动控制

### 一、三相异步电动机降压起动

电动机的起动是指其转子由静止状态转为正常运转状态的过程，在此过程中电动机起动电流将增至额定值的 4～7 倍，过大的起动电流会造成电网电压显著下降，直接影响在同一电网中工作的其他电动机，甚至使它们停转或无法起动。因此，三相异步电动机经常采用降压起动，如定子串电阻降压起动、星形—三角形降压起动、自耦变压器降压起动等。其中，星形—三角形降压起动广泛用于鼠笼式三角形接法的异步电动机（见图 5-7）。

对于星形—三角形起动，正常运行时，电动机绕组为三角形接法，工作电压为 380V，起动时，绕组接法为星形，工作电压降为 220V，起动电流降为正常的 1/3，起动转矩也降为正常的 1/3，因此星形—三角形起动仅适用于电动机的空载或轻载起动。

图 5-8 是三相交流异步电动机丫-△降压起动控制电路。

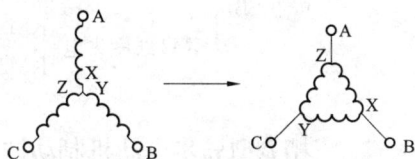

图 5-7　丫-△绕组连接转换图

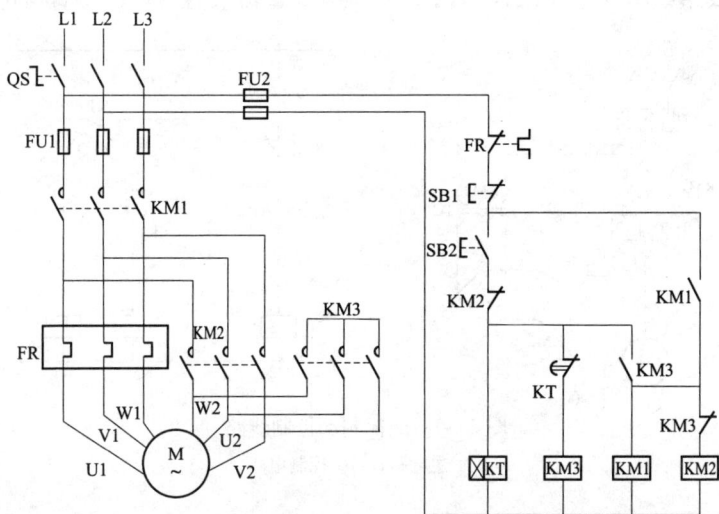

图 5-8　三相交流异步电动机丫-△降压起动控制电路

该电路工作过程：

（1）丫起动：

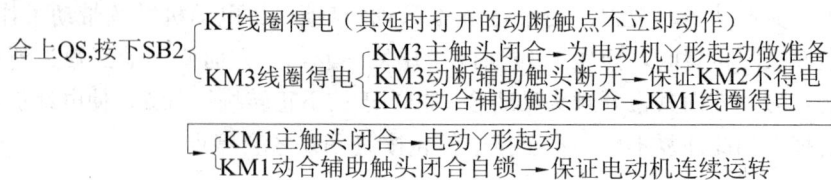

（2）△运行：

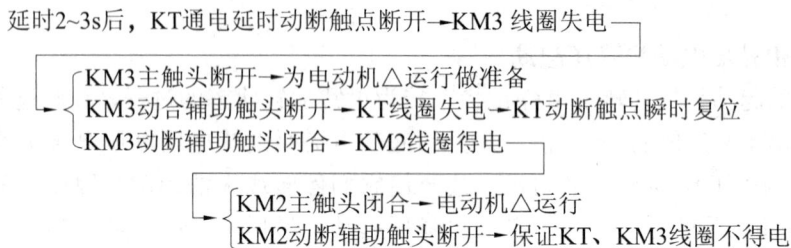

（3）停止：

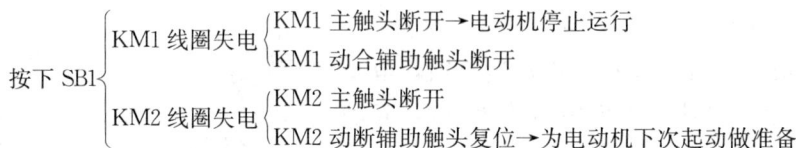

## 二、三相笼型异步电动机制动控制

### 1. 能耗制动控制

能耗制动控制的工作原理：在三相电动机停车切断三相交流电源的同时，将一直流电源引入定子绕组，产生静止磁场，电动机转子由于惯性仍沿原方向转动，则转子在静止磁场中切割磁力线，产生一个与惯性转动方向相反的电磁转矩，实现对转子的制动。能耗制动控制线路如图 5-9 所示，图中变压器 TC 整流装置 VC 提供直流电源。

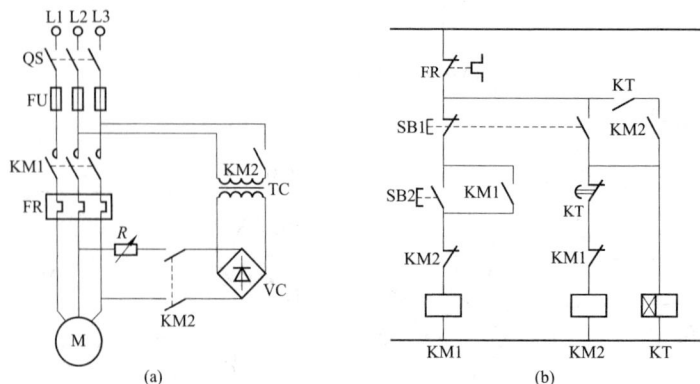

图 5-9　能耗制动控制线路

(a) 主电路；(b) 控制电路

### 2. 反接制动控制

反接制动控制的工作原理：改变异步电动机定子绕组中的三相电源相序，使定子绕组产生方向相反的旋转磁场，从而产生制动转矩，实现制动。反接制动要求在电动机转速接近零时及时切断反相序的电源，以防电动机反向起动，其电路如图 5-10 所示。

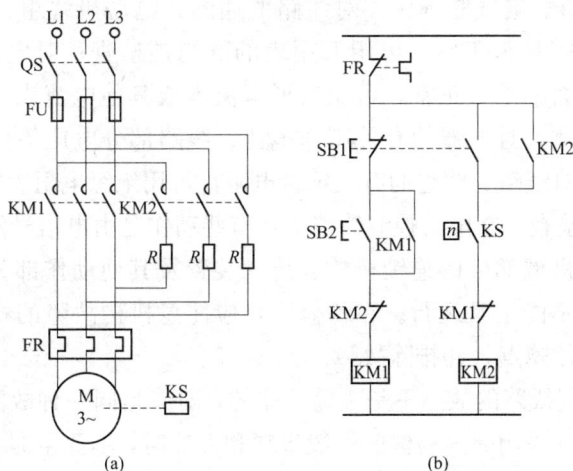

图 5-10　单向反接制动控制电路

(a) 主电路；(b) 控制电路

### 三、电气控制线路的检修

1. 电气控制线路的检修步骤

(1) 故障调查。电路出现故障，切忌盲目乱动，在检修前应对故障发生情况进行尽可能详细的调查。

1) 问：询问操作人员故障发生前后电路和设备的运行状况，发生时的迹象，如有无异响、冒烟、火花及异常振动；故障发生前有无频繁起动、制动、正反转、过载等现象。

2) 听：在电路和设备还能勉强运转而又不致扩大故障的前提下，可通电起动运行，倾听有无异响，如有应尽快判断出异响的部位后迅速停车。

3) 看：触头是否烧蚀、熔毁；线头是否松动、松脱；线圈是否发高热、烧焦，熔体是否熔断；脱扣器是否脱扣等；其他电气元件有无烧坏、发热、断线，导线连接螺钉是否松动，电动机的转速是否正常。

4) 摸：刚切断电源后，尽快触摸检查电动机、变压器、线圈等容易发热的部分，看温升是否正常。

5) 闻：用嗅觉器官检查有无电器元件发高热和烧焦的异味。

(2) 根据电路、设备和结构及工作原理查找故障范围。弄清楚被检修电路、设备的结构和工作原理，是循序渐进、避免盲目检修的前提。检查故障时，先从主电路入手，看拖动该设备的几个电动机是否正常；然后逆着电流方向检查主电路的触头系统、热元件、熔断器、隔离开关及线路本身是否有故障；接着根据主电路与控制电路之间的控制关系，检查控制回路的线路接头、自锁或连锁触点、电磁线圈是否正常，检查制动装置、传动机构中工作不正常的范围，从而找出故障部位。如果能通过直观检查发现故障点，如线圈脱落，触头、线圈烧毁等，则检修速度更快。

(3) 从控制电路动作程序检查故障范围。通过直接观察无法找到故障点，断电检查仍未找到故障时，可对电气设备进行通电检查。通电检查前要先切断主电路，让电动机停转，尽量使电动机和其所传动的机械部分脱开，将控制器和转换开关置于零位，行程开关还原到正常位置；然后用万用表检查电源电压是否正常，是否缺相或严重不平衡。

（4）利用仪表检查。电气修理中，对线路的通断，电动机绕组、电磁线圈的直流电阻，触头的接触电阻等是否正常，可用万用表的欧姆挡检查；对电动机三相空载电流、负载电流是否平衡，大小是否正常，可用钳形电流表或其他电流表检查；对三相电源电压是否正常、是否一致，对电器的有关工作电压、线路部分电压等可用万用表的电压挡或其他电压表检查；对线路、绕组的有关绝缘电阻，可用绝缘电阻表检查。

（5）机械故障的检查。在电气控制线路中，有些动作是由电信号发出指令，由机械机构执行驱动的。如果机械部分的连锁机构、传动装置及其他动作部分发生故障，即使电路完全正常，设备也不能正常运行。在检修中，应注意机构故障的特征和表现，探索故障发生的规律，找出故障点，并排除故障。

总之，电动机控制线路的故障不是千篇一律的，即使是同一种故障现象，发生的部位也不一定相同。所以在采用故障检修的一般步骤和方法时，不要生搬硬套，而应按不同的故障情况灵活处理，力求迅速准确地找出故障点，判明故障原因，及时排除故障。

2. 开路故障检修实例分析

实际生产中，开路故障占线路故障的绝大部分，因此，熟练掌握开路故障的检修方法，对于迅速、准确地排除故障有很大帮助。在下列电路中，按下起动按钮 SB2，接触器 KM1 不吸合，说明该电气回路有开路故障。

（1）试电笔检修法。试电笔检修开路故障的方法如图 5-11 所示。合上电源开关，用试电笔依次测试 1、2、3、6、5、4 各点，测到哪点试电笔不亮，即表示该点为开路处。

（2）电压表法。在图 5-12 所示的电路中，合上电源开关，按下起动按钮 SB2，万用表置于 500V 交流电压挡，把黑表笔作固定笔固定在相线 L2 端，以醒目的红表笔作移动笔，依次测试 1、2、3、4、5、6 各点，通过检测电压，确定开路处。

（3）欧姆表法。在图 5-13 电路中，在查找故障点前首先把控制电路两端从控制电源上断开，万用表置于 2kΩ 挡，把黑表笔作固定笔固定在 L2 端，红表笔作移动笔，依次测试 6、5、4、3、2、1 各点，通过检测电阻，确定开路处。

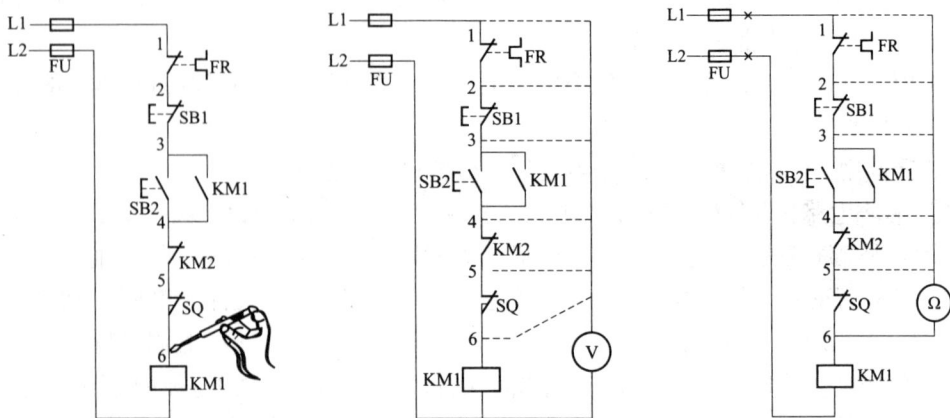

图 5-11　试电笔查找开路故障　图 5-12　电压表查找开路故障　图 5-13　欧姆表查找开路故障

用欧姆表法检测故障应注意下列几点。

1）用电阻测量法检查故障时一定要断开电源。

2）如果被测的电路与其他电路并联，则必须将该电路与其他电路断开，否则所测得的电阻值是不准确的。

3）测量高电阻值的电气元件时，把万用表的选择开关旋转至适合的电阻挡。

# 分块三 中级维修电工配线实训

## 一、实训目的与要求

**1. 实训目的**

（1）掌握电动机正、反转及丫-△起动控制的接线方法及工艺要求。

（2）掌握电动机正、反转及丫-△起动控制线路的故障检查方法。

**2. 实训材料与工具**

（1）电工工具1套、万用表、绝缘电阻表、钳形电流表。

（2）BV-1、BVR-0.5导线若干。

（3）电动机控制实训台、三相异步电动机。

（4）组合开关、熔断器、交流接触器、热继电器、时间继电器、按钮、接线端子。

**3. 实训要求**

（1）配线操作要按照工艺要求，做到横平竖直，整齐美观。

（2）要节约导线材料，爱护器材工具。

（3）应保持工位整洁，做到工完场净。

（4）注意安全操作，通电试车应在老师指导下进行，保证人身及设备安全。

## 二、电动机接触器连锁正、反转控制电路安装

**1. 熟悉控制原理**

熟悉电动机控制原理。

**2. 选择并检查元件**

根据电动机功率正确选择组合开关、接触器、熔断器、热继电器和按钮等的型号规格，检查元器件是否完好，有无破损。利用万用表检查触点、线圈等的通断情况。

**3. 画位置图并固定元件**

位置图绘制方法如下。

（1）原理图是位置图的依据，根据原理图画出位置图。

（2）元器件一般用矩形或圆形表示，不需绘出实际形状。

（3）元器件要遵照易于配线、节约导线的原则排列。

（4）元器件上、下、左、右边缘及元件之间横向、纵向最小距离如图5-14所示。

（5）图中电器件的数量、图形和文字符号要和原理图一致。

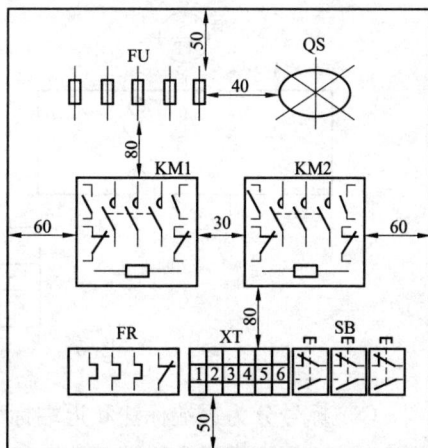

图5-14 接触器互锁正反转控制位置图

**4. 画出编号图**

编号图绘制方法如下。

(1) 所有元器件按 1、2、3、……顺序编号，如 QS 为 1 号元件。

(2) 各元器件的端子号进线端编单号，出线端编双号，如图 5-15 所示。

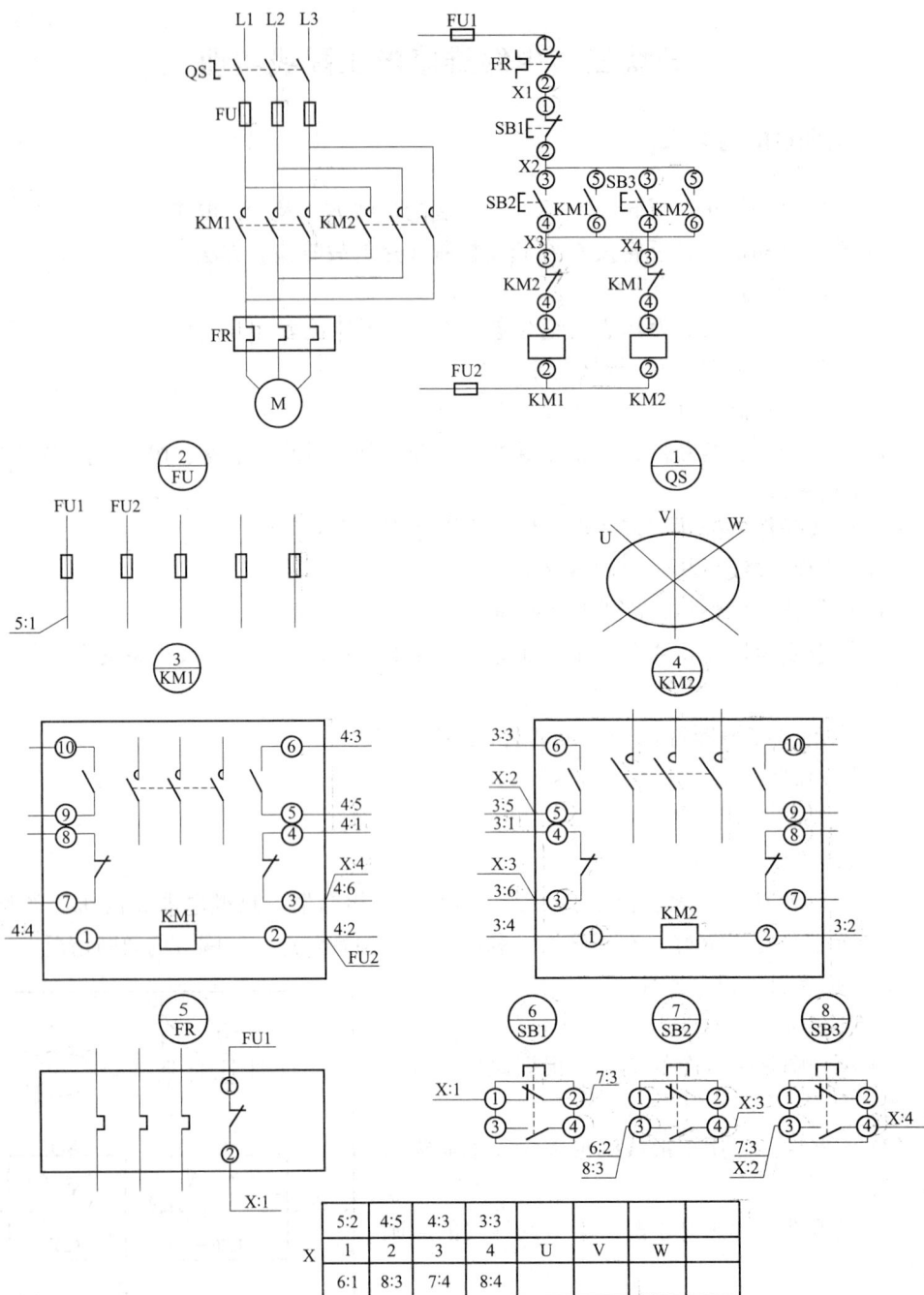

图 5-15 接触器互锁正反转控制编号图

(3) 标号分为远端标法和近端标法，一般采取远端标法，便于检查与维修。

(4) 根据原理图和远端标法，标出各端子的线号。

5．接线

工艺要求：能够用最短的导线连接出美观、正确的电路。

（1）配线要横平竖直，上下左右对称，成排成束，尽量减少层次。

（2）配线要先接控制电路，后接主电路，先造型后安装。

（3）配线要贴盘，只有主电路接触器横向并联可以架空。

（4）配线变向要垂直，拐角要圆滑，尽量避免交叉。

（5）进出配电盘的导线要经过端子排（用软线），便于安装和检修。

（6）配线接触紧密，不能有虚接、不能压绝缘层，露铜不超过 2mm。

（7）配线不允许有接头，一个接线柱接线不得超过两根，不能接反环。

6．线路检查

（1）目测检查。从大体上观看，每个元件必有进出线，而且互相对应，看清每个元件有无漏接、错接，并检查每一条导线是否牢固。

（2）用仪表检查。

1）主电路的检查：断开 QS，将万用表打到欧姆挡，把两表笔分别放在 QS 的下端，显示为∞，按下 KM1 或 KM2 主触点后，应显示电动机两个绕组的串联电阻值（设电动机为星形接法），断开 KM1（或 KM2）主触点后都应显示为∞。

2）控制电路的检查：设交流接触器的线圈电阻为 1000Ω，将万用表置于欧姆挡，表笔放在控制电路两端，此时万用表的读数应为∞；按下 SB2 或 KM1，读数应为 KM1 线圈的电阻值（1000Ω），同时再按下 SB1，则读数应变为∞；按下 SB3 或 KM2，读数应为 KM2 线圈的电阻值（1000Ω），同时再按下 SB1，则读数应变为∞；同时按下 SB2、SB3，读数应为 KM1 线圈和 KM2 线圈电阻的并联值（500Ω）；同时按 KM1、KM2，读数应为∞。

3）绝缘电阻的检查：用 500V 绝缘电阻表测量线路的绝缘电阻（应不小于 0.5MΩ）。

7．整定热继电器

整定电流值应等于电动机的额定电流值。

8．线路的运行与调试

经检查无误后，可在指导教师的监护下通电试运转。注意操作顺序，仔细观察电器及电动机的动作和运转情况。

（1）合上 QS，接通电源。

（2）按下正转起动按钮 SB2，接触器 KM1 线圈得电吸合，电动机连续正转。

（3）按下停止按钮 SB1，接触器 KM1 失电断开，电动机停转。

（4）按下反转起动按钮 SB3，接触器 KM2 线圈得电吸合，电动机连续反转。

（5）按下停止按钮 SB1，接触器 KM2 失电断开，电动机停转。

（6）断开 QS。

9．故障分析

在试运行中发现电路异常现象，应立即停电后作认真检查。常见故障现象如下。

（1）开路故障。

1）合上 QS，分别按下 SB2、SB3，线路没有反应，电动机不运行。

原因：将万用表置欧姆挡，表笔放在控制电路两端，分别按下 SB2 或 SB3，若读数正常，则此故障应为控制电路电源断电；若读数为∞，则此故障应为正反转控制电路部分（如 FR 动断触点、SB1、KM1 与 KM2 线圈接电源端等）有开路处。

2）电动机正向运转控制正常；按下 SB3，系统无反应，电动机不运行。

原因：正转控制电路相关元件和接线正常，应为反转控制电路元件（SB3、KM1 动断辅助触点、KM2 线圈）及其接线有开路处。

3）按下 SB2，系统无反应，电动机不运行；电动机反向运转控制正常。

原因：反转控制电路相关元件和接线正常，应为正转控制电路元件（SB2、KM2 动断辅助触点、KM1 线圈）及其接线有开路处。

4）分别按下 SB2、SB3，接触器能吸合，但电动机无反应。

原因：主电路或电动机有两相以上开路。

（2）缺相故障。

合上 QS，按下 SB2 或 SB3，接触器动作，电动机"嗡嗡"响，不转（或转得很慢）。

原因：电动机缺相，应为主电路一相开路。

（3）短路故障。

1）合上 QS，熔丝烧断或断路器跳闸。

原因：电源被短路，接触器的线圈和 SB1 同时被短接，或者是主电路短路（QS 到接触器主触头这一段）。

2）合上 QS，按下 SB2 或 SB3，熔丝烧断或断路器跳闸。

原因：接触器线圈被短接，或者是接线错误（见图 5-16），导致 KM1、KM2 线圈同时得电，其主触点同时闭合，使主电路短路。

（4）其他故障。

1）合上 QS，按下 SB2 电动机能正常起动，松开 SB2 电动机停转。

原因：电动机正转时无自锁，检查 KM1 动合触点及其接线。

2）通电后接触器频繁吸合断开。

原因：如果合上 QS 立即出现此故障，原因是接触器自锁触点错接成动断触点；如果合上 QS，按下起动按钮后出现此故障，原因是接触器互锁触点错接成自身的动断触点。

3）合上 QS，正反转运行控制正常，按下停止按钮后电动机停不下来。

原因：停止按钮 SB1 熔焊或被自锁触点短接。

4）电动机转向不变。

原因：若接触器动作正常，原因是主电路没有换相；若正反转时只有一个接触器动作，则是接线错误（见图 5-17），使一个接触器线圈正反转控制时都不得电，另一个接

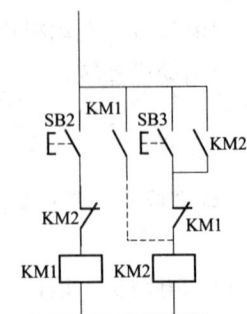

图 5-16　接线错误（一）　　　　图 5-17　接线错误（二）

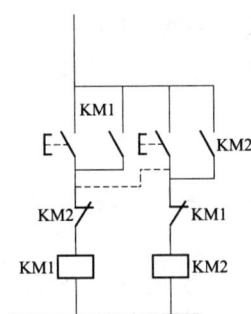

触器线圈正反转控制时都得电。

5）合上 QS，电动机直接起动运行。

原因：SB2（SB3）被短接或错接成动断触点。

6）合上 QS，电动机正向运转控制正常；按下反转按钮，接触器"嗡嗡"响，不能吸合。

原因：KM2 线圈的出线端错接到 KM1 线圈的进线端，使反转控制时两个线圈串联，接触器线圈得不到吸合电压。

### 三、电动机Y-△降压起动控制电路安装

线路安装步骤方法同正反转控制，仅就不同点说明如下。

1. 用仪表检查

（1）主电路的检查：断开 QS，将万用表打到欧姆挡，把两表笔分别放在 QS 的下端，显示为∞，同时按下 KM1 和 KM3，应显示电动机两个绕组的串联电阻值；按下 KM1 和 KM2，因为电动机的绕组是△连接，故读数约为电动机两绕组串联再与另一绕组并联的电阻值。

（2）控制电路的检查：设交流接触器的线圈电阻为 1000Ω，时间继电器线圈的电阻为800Ω，将万用表置欧姆挡，表笔放在控制电路两端，此时万用表的读数应为∞；按下SB2，读数应为 KM3 线圈和 KT 线圈电阻的并联值（约为 440Ω），用手动的方法使时间继电器 KT 的动断触点动作，读数应为 KM3 线圈的电阻（1000Ω）；按下 KM1，读数应为 KM1 线圈和 KM2 线圈电阻的并联值（500Ω）；同时再按 SB1，则读数应变为∞。

2. 线路的运行与调试

（1）合上 QS，接通电源。

（2）按下起动按钮 SB2，接触器 KM3、KM1 线圈得电吸合，电动机Y起动。

（3）延时 2～3s，时间继电器 KT 触点动作，KM3、KT 线圈失电，KM2 得电吸合，电动机△运行。

（4）按下停止按钮 SB1，接触器 KM2、KM1 失电断开，电动机停转。

3. 故障分析

（1）开路故障。

1）合上 QS，按下起动按钮，线路无反应。

原因：将万用表置欧姆挡，表笔放在控制电路两端，按下起动按钮若读数正常，则此故障应为控制电路电源失电；若读数为∞，则此故障是控制电路 KT 线圈、KM3 线圈都不能得电，原因是 FR 动断触点、SB1、SB2、KM2 动断触点串联支路有开路处。

2）按下起动按钮，只有 KT 动作，其他无反应，电动机不起动。

原因：控制电路 KM3 线圈不能得电，KT 延时动断触点和 KM3 线圈串联支路有开路处，或者是 KT 延时触点瞬时动作。

3）按下起动按钮，只有 KT、KM3 动作，其他无反应，电动机不转。

原因：KM1 线圈不得电，可能是 KM3 动合触点与 KM1 串联支路有开路处，或接线时少接一根线（图 5-18 中虚线）。

4）按下起动按钮，电动机起动，KT 触点动作后，KM2 不动作，电动机停止运行。

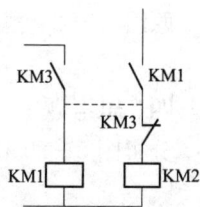

图 5-18　电动机接线错误（一）

原因：KM2 线圈不能得电，KM3 动断辅助触点与 KM2 线圈串联支路有开路处。

5）按下起动按钮，KT、KM3、KM1 动作，电动机无反应，KT 触点动作后，电动机运行。

原因：主要是电动机星形连接的中性点未接。

（2）缺相故障。

1）合上 QS，按下起动按钮，KT、KM3、KM1 动作，电动机"嗡嗡"响，不转（或转得很慢）；KT 触点动作后，电动机"嗡嗡"响，不转（或缓慢起动）。

原因：电动机丫起动和△运行时都缺相，应为主电路部分（如电源、QS、FU、KM1、FR、电动机等）任一处发生缺相故障。

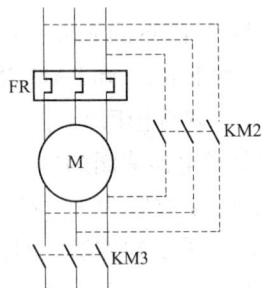

2）按下起动按钮，电动机起动；KT 触点动作后，KM2 动作，电动机"嗡嗡"响，转速降低。

原因：电动机△运行时缺相，KM2 主触点及其接线处有缺相故障，或者是电动机接线错误，如图 5-19 所示。

3）按下起动按钮，KT、KM3、KM1 动作，电动机"嗡嗡"响，不转（或转得很慢）；KT 触点动作后，电动机正常运行。

原因：电动机丫形起动缺相，KM3 主触点及其接线处有缺相故障。

图 5-19 电动机接线错误（二）

（3）短路故障。

1）合上 QS，熔丝烧断或断路器跳闸。

原因：时间继电器 KT 或接触器 KM3 的线圈和 SB1 同时被短接，或者是主电路短路（QS 到接触器主触头这一段）。

2）按下起动按钮，熔丝烧断或断路器跳闸。

原因：时间继电器 KT 或接触器 KM3 的线圈被短接，或者是主电路短路（接触器 KM1 主触头以下部分）。

3）电动机丫形起动控制正常；KT 触点动作后烧熔丝或断路器跳闸。

原因：接触器 KM2 的线圈被短接。

（4）其他故障。

1）合上 QS，按下 SB2 电动机能正常起动，松开 SB2 电动机停转。

原因：电动机运行时无自锁，检查 KM1 动合触点及其接线。

2）电动机丫-△运行控制正常，按下停止按钮电动机停不下来。

原因：停止按钮 SB1 熔焊或被 KM1 自锁触点短接。

3）电动机直接起动运行。

原因：SB2 被短接或错接成动断触点。

## 四、思考题

分析图 5-20 和图 5-21 各点开路后的故障现象。

## 五、成绩评定

考核及评分标准见表 5-1。

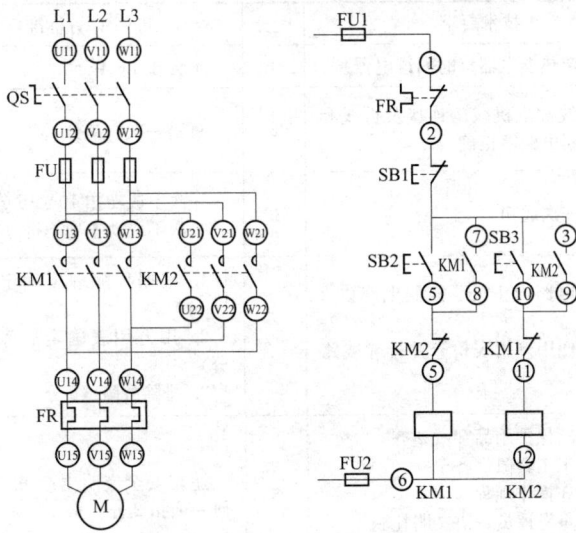

图 5 - 20　故障现象分析电路图（一）

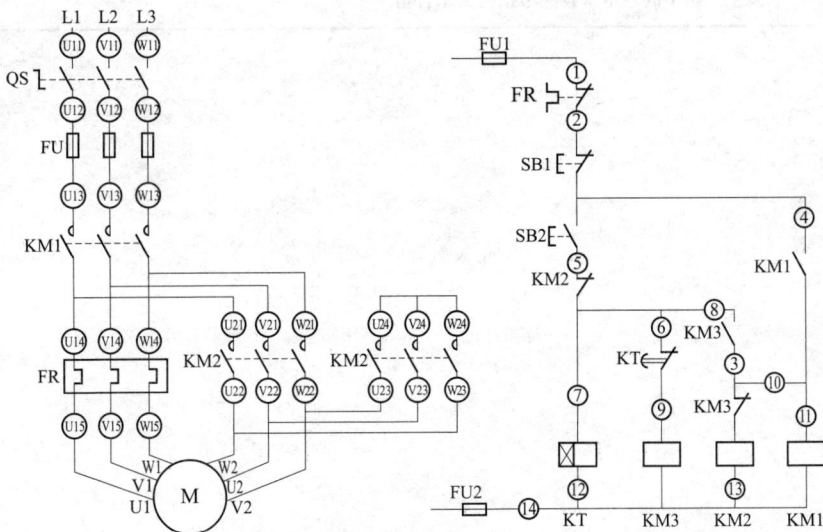

图 5 - 21　故障现象分析电路图（二）

表 5 - 1　　　　　　　　　　　　考核及评分标准

| 序号 | 项目 | 技术要求 | 配分 | 评分标准 | 课时 |
|------|------|----------|------|----------|------|
| 1 | 线路敷设 | 按位置图安装元件<br><br>线路敷设整齐美观、横平竖直、布线合理，露铜不超过 2mm | 20 | 安装不正确扣 1～5 分<br><br>配线不整齐 3～8 分，接点松动、露铜过长、压绝缘层、损伤导线绝缘或线芯，每处扣 1 分 | 120min |

续表

| 序号 | 项目 | 技术要求 | 配分 | 评分标准 | 课时 |
|---|---|---|---|---|---|
| 2 | 通电试车 | 会整定热继电器（时间继电器） | 4 | 不会扣1~4分 | 30min |
| | | 电源线和电机线的连接及拆线和送电、断电顺序正确 | 8 | 每错一次扣4分 | |
| | | 通电一次成功 | 30 | 一次不成功扣10~15分<br>二次不成功本项不得分 | |
| 3 | 故障排除 | 1. 主电路设1处、控制电路设2处故障<br>2. 会使用万用表检查并排除线路故障 | 30 | 1. 根据故障现象确定故障范围（9分）<br>2. 用万用表确定故障位置（15分）<br>3. 排除故障（6分） | 30min |
| 4 | 安全文明生产 | 1. 劳动保护用品穿戴整齐<br>2. 电工工具佩带齐全<br>3. 遵守操作规程<br>4. 尊重考评员，讲文明礼貌<br>5. 考试结束要清理现场 | 8 | 违犯安全文明生产考核要求的任何一项扣2分。累计扣完为止 | |
| 5 | 合计 | | 100 | | 180min |
| 6 | 备注 | 否定项：要求遵守考场纪律，不能出现重大事故。因考生本人原因出现严重违犯考场纪律或发生安全事故，本次技能考核视为不合格 | | | |

# 模块六

# 三相异步电动机拆装与检修

随着工农业生产电气化、自动化程度的不断提高，电动机（特别是异步电动机）的使用范围日益扩大。为了保证电动机安全可靠地运行，必须定期对其保养、维护与检修，因此，有时需要对电动机进行拆装。如果拆装方法不当，就可能造成部件损坏，引发新的故障。因此，正确拆装与检修电动机是确保维修质量的前提。

## ▶ 知识目标

熟悉电动机结构、原理、分类；掌握电动机定子绕组展开图的绘制。

## ▶ 能力目标

能熟练地拆装电动机；运用正确的方法进行嵌线；能用正确的方法检测电动机。

## ▶ 器材准备

万用表、绝缘电阻表、钳形电流表、小型异步电动机、拉码器、黄铜棒、划线板、压线板、绕线机、竹楔、漆包线、扎绳、复合纸、剪刀、手锤、橡皮锤、电工工具等。

## 分块一　电动机的拆卸

### 一、三相异步电动机基础知识
电动机是根据电磁感应原理，把电能转换为机械能，并输出机械转矩的原动机。

1. 电动机分类

电动机分类如下：

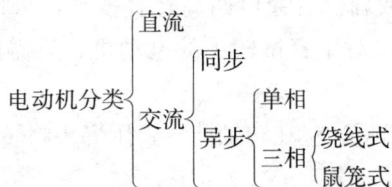

电动机分类 —— 直流

交流 —— 同步

异步 —— 单相

三相 —— 绕线式

鼠笼式

2. 电动机结构

电动机主要由定子和转子组成，定子和转子之间的气隙一般为 $0.25\sim2\mathrm{mm}$。

（1）定子主要由定子铁心、定子绕组、机座等组成。

（2）转子主要由转子铁心、转子绕组、转轴等组成。

（3）其他附件：包括端盖、轴承和轴承盖、风扇和风罩等。

（4）铭牌：电动机的机座上有一块铭牌，它简要标出一些技术数据。

3. 电动机常见故障

电动机故障主要分为机械故障和电气故障两大类。

机械故障主要包括机壳、转轴、轴承、风扇、端盖等故障。电气故障主要包括定子绕组和转子绕组的短路、开路和接地等故障。

## 二、电动机拆卸

电动机内部出现故障或定期大修就需要进行拆卸。这里以小功率三相笼型电动机拆卸为例介绍电动机的拆除方法与步骤。

1. 拆卸前的准备

（1）备齐常用电工工具及拉码等拆卸工具。

（2）查阅并记录被拆电动机的型号、外形和主要技术参数。

（3）在端盖、轴、螺钉、接线桩等零件上做好标记。

2. 拆卸步骤

电动机拆卸步骤如图 6-1 所示。

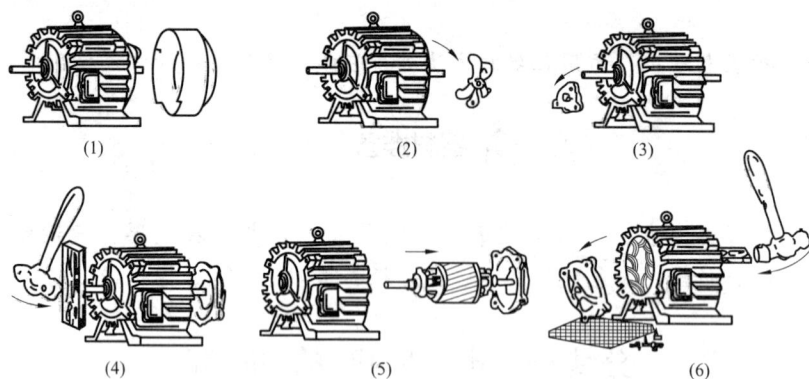

图 6-1　电动机拆卸步骤

（1）卸下电动机尾部的风罩。

（2）拆下电动机尾部的扇叶。

（3）拆下前轴承外盖和前、后端盖的紧固螺钉。两个端盖的记号应有所区别，拆卸时可用旋具（螺丝刀、改锥）或扁铲沿缝口四周轻轻撬动，再用铁锤轻轻敲打端盖与机壳的接缝处，但不可用力过猛；对于容量较小的电动机，只需拆下前盖，而将后盖连同风扇与转子一起抽出。

（4）用木板（或铜板、铅板）垫在转轴前端，用榔头将转子和后盖从机座敲出，木榔头可直接敲打转轴前端。

（5）从定子中取出转子。在抽出转子前，应在转子下面气隙和绕组端部垫上厚纸板，以免抽出转子时碰伤绕组或铁心。对于 3kg 以内的转子，可直接用手抽出，如图 6-2 所示。对于大型电动机的转子，应用钢管加长转轴，吊装抽出。

（6）用木棒伸进定子铁心，顶住前端内侧，用榔头将前端盖敲离机座。

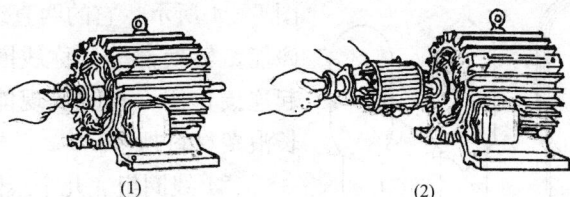

图 6-2　转子的取出

（7）拉下前后轴承及轴承内盖。一般用拉码器进行轴承的拆卸。这种方法简单、实用，尺寸可随轴承直径任意调节，只要转动手柄，轴承就被拉出，如图 6-3 所示。

操作时注意：拉脚的拉钩应钩住轴承的内圈，使拉脚螺杆对准轴承的中心孔，不要歪斜，防止把轴承拉坏。

（8）拆除定子绕组。在旧线圈的拆除过程中，应按下列步骤进行。

1）详细记录电动机的铭牌数据和绕组数据。

2）在小型电动机中，一般采用半封口式线槽，拆卸绕组比较困难，大多数情况下必须先将线圈的一端铲断，然后从另一端用钳子把导线拉出来。注

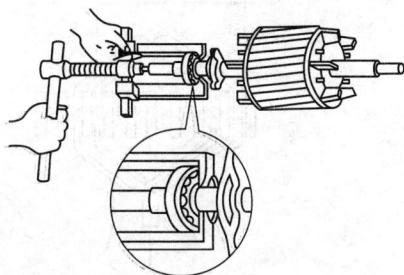

图 6-3　拉码法拆卸轴承

意拆线过程中应保留一个完整的绕组以便量取其各部分的数据。

3）对于难以取出的线圈，可以用加热法将旧线圈加热到一定温度，再将定子绕组从槽中拉出来。常用的加热方法有：用电热鼓风恒温干燥箱加热法、通电加热法、用木柴直接燃烧法等。

（9）清槽、整角。拆除旧的线圈后，定子槽内留有残余的绝缘物和杂质。为保证电动机的性能，必须清理定子槽。在清理过程中不准用锯条、凿子在槽内乱拉乱划，以免产生毛刺。应轻轻剥去绝缘物，再用皮老虎或用压缩空气吹去槽内灰尘、杂质。如果铁心边缘局部胀开，或用火烧法拆除线圈时因敲打、拉凿引起槽齿变形，必须对定子槽进行整角。

# 分块二　定子绕组嵌线

## 一、定子绕组展开图及连接顺序图

现以 4 极 24 槽单层链式绕组的三相电动机为例来说明定子绕组展开图的绘制过程。什么是展开图呢？设想用纸做一个圆筒来表示定子的内圆，用画在圆筒内表面上的相互平行的直线表示定子槽内的线圈边，用数字标明槽的号数。然后，沿 1 号槽与最末一个槽之间的点划线剪开，展开后就是一平面图，把线圈和它们的连接方法画在这个平面图上，就是展开图。

1. 有关术语和基本参数

（1）线圈。线圈是组成绕组的基本元件，用绝缘导线（漆包线）在绕线模上按一定形

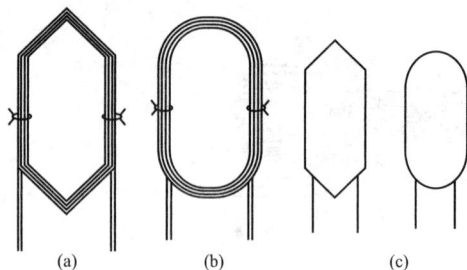

图 6-4　常用线圈及简化画法
(a) 菱形线圈；(b) 弧形线圈；(c) 简化画法

状绕制而成。一般由多匝绕成，其形状如图 6-4 所示。它的两直线段嵌入槽内，是电磁能量转换部分，称线圈有效边；两端部仅起连接作用，不能实现能量转换，故端部越长浪费材料越多。

（2）线圈组。几个线圈顺接串联即构成线圈组，异步电动机中最常见的线圈组是极相组。它是一个极下同一相的几个线圈顺接串联而成的一组线圈，如图 6-5 所示。

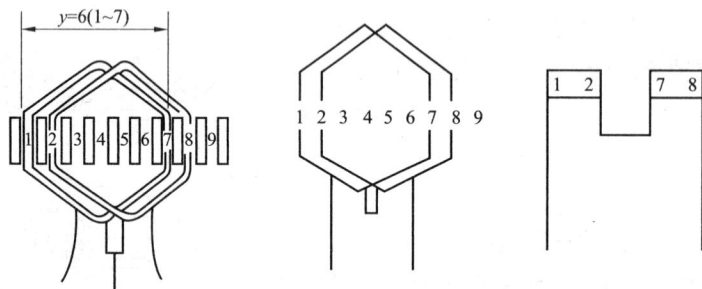

图 6-5　一个极相组线圈的连接方法

（3）线圈的串联方式。

反串联：每相绕组中各线圈之间的连接次序是首端接首端，尾端接尾端。每相绕组中线圈的数目等于磁极数时，采用反串联。

顺串联：每相绕组中各线圈之间的连接次序是首尾相接。每相绕组中线圈的数目等于磁极数的一半时，采用顺串联。

（4）定子槽数。是指定子铁心上线槽总数，用字母 $Z$ 表示。

（5）磁极数。是指绕组通电后所产生磁场的总磁极个数，电动机的磁极数总是成对出现，所以电动机的磁极数用 $2p$ 表示。异步电动机的磁极数可从铭牌上得到。

（6）极距。是指相邻两磁极之间的槽距，通常用槽数 $\tau$ 来表示：

$$\tau = \frac{Z}{2p} \text{（槽）}$$

（7）节距。是指一个线圈的两有效边所跨占的槽数。为了获得较好的电气性能，节距应尽量接近极距 $\tau$，即

$$y \approx \tau = \frac{Z}{2p} \text{（取整）}$$

当 $y = \tau$ 时称为整节距，当 $y < \tau$ 时称为短节距，当 $y > \tau$ 时称为长节距。在实际生产中常采用的是整距和短距绕组。

（8）每极每相槽数。是指绕组每极每相所占的槽数，用字母 $q$ 表示。其计算公式如下：

$$q = \frac{Z}{3 \times 2p} (槽)$$

（9）机械角度。一个圆周几何角度是 $360°$，在电动机分析中称为机械角度。

（10）电角度。在电路理论中，随着时间按正弦规律变化的物理量交变一次经过 $360°$ 时间电角度。在电动机中，导体经过一对磁极，其感应电动势交变一次，因此一对磁极所对应的空间电角度称为 $360°$ 空间电角度（或者 $2\pi$ 空间电弧度）。

（11）电角度和机械角度的关系。若电动机极对数为 $p$，则一个圆周代表 $p \times 360°$ 空间电角度，因此与机械角度 $\theta$ 对应的空间电角度为 $p\theta$。

（12）槽距角。是表示相邻两个槽之间的空间电角度，用字母 $\alpha$ 表示，其计算公式：

$$\alpha = \frac{180° \times 2p}{Z}$$

**2. 定子绕组展开图的绘制**

一台 4 极 24 槽单层链式短节距绕组的三相笼型电动机，画出其定子绕组展开图。

（1）画槽标号。画 24 根平行线代表 24 个槽，并标明每个槽的序号，如图 6-6 所示。

（2）计算极距，每极每相槽数。极距 $\tau = \frac{Z}{2p} = \frac{24}{4} = 6$，$q = \frac{Z}{3 \times 2p} = 2$。

（3）在展开图上划分极、相带并画出电流方向。

将 24 个槽分成 4 个极，每个极下 6 个槽，而每个极占 $180°$ 电角度，分属于三相，即为 $60°$ 相带，每极每相 2 个槽，每槽占 $30°$ 电角度，按 U1、W2、V1、U2、W1、V2 相带排列，各槽号所属磁极和相带见表 6-1。

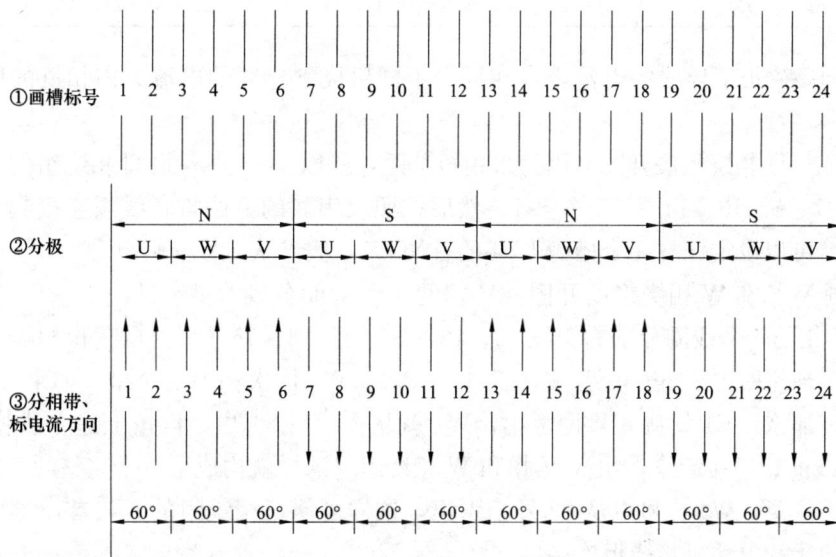

图 6-6 三相 24 槽 4 极电动机单链（短节距）绕组展开图（一）

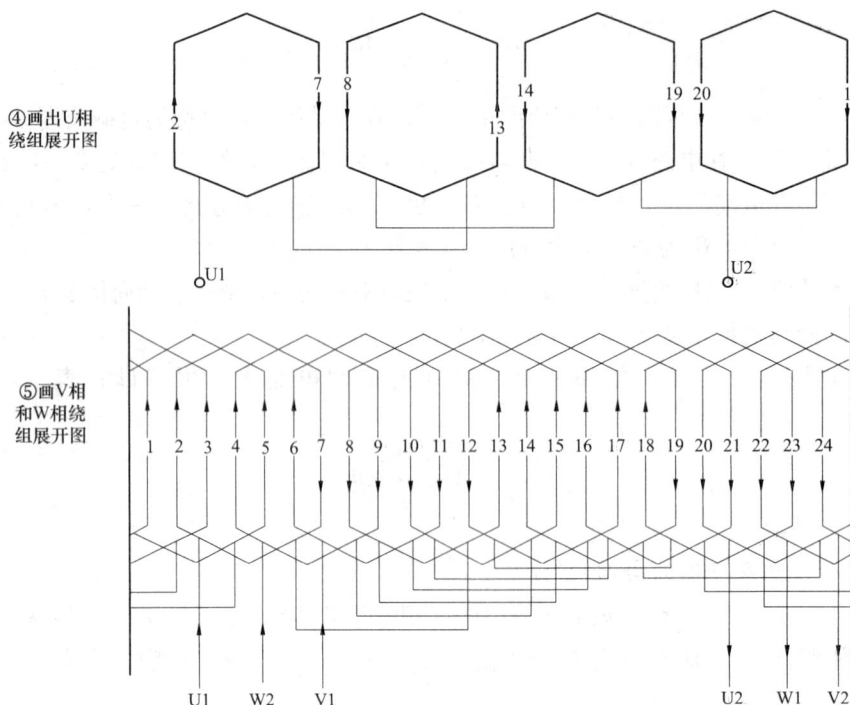

④画出U相绕组展开图

⑤画V相和W相绕组展开图

图 6-6　三相 24 槽 4 极电动机单链（短节距）绕组展开图（二）

表 6-1　24 槽 4 极单层链式绕组分布

| 磁极 | | N | | | S | | |
|---|---|---|---|---|---|---|---|
| 第一对极 | 相带 | U1 | W2 | V1 | U2 | W1 | V2 |
| | 槽号 | 1，2 | 3，4 | 5，6 | 7，8 | 9，10 | 11，12 |
| 第二对极 | 相带 | U1 | W2 | V1 | U2 | W1 | V2 |
| | 槽号 | 13，14 | 15，16 | 17，18 | 19，20 | 21，22 | 23，24 |

按照同一磁极下导线的电流方向相同，不同磁极下导线的电流方向相反的原则画出电流方向。

（4）画出 U 相绕组展开图。因为采用短节距，所以 $y=5$，因此 U 相绕组的 4 个线圈分别为 2～7、8～13、14～19、20～1，然后按照反串联的方法将各线圈连接起来，组成 U 相绕组，可以设定任意一个槽为 U 相的首端 U1，假设从 2 号槽引出 U1。

（5）画 V 相和 W 相绕组展开图。V 相的 4 个线圈分别为 6～11、12～17、18～23、24～5，W 相的 4 个线圈分别为 10～15、16～21、22～3、4～9，根据三相相隔 120°电角度的原则，现每槽占 30°电角度，因此，U1、V1、W1 依次相差 4 个槽，如果 U1 是从 2 号槽引出，那么，V1 就从 6 号槽引出，W1 就从 10 号槽引出，再按上述方法将 V 相和 W 相的各线圈组串接起来，组成 V 相和 W 相绕组，这样就构成了一个完整的三相定子绕组展开图。注意，W1 也可以从 22 号槽引出，这样可使三相绕组的 6 根首尾端引出线比较集中，便于和电动机接线板连接。

3. 各相绕组连接顺序图

各相绕组连接顺序图如图 6-7 所示。

### 二、定子绕组的绕制

1. 绕线专用工具介绍

（1）绕线机。在工厂中绕制线圈都采用专用的大型绕线机。对于普通小型电动机的绕组，可用小型手摇绕线机。

（2）绕线模。绕制线圈必须在绕线模上进行，绕线模一般用质地较硬的木质材料或硬塑料制成，不易破裂和变形。如果极相组是由几个线圈连在一起组成的，就需制作几个相同的模子。这样，整个极相组就可以一次绕成，中间没有接头。这种做法虽然嵌线稍麻烦些，但外形美观，并且避免了发生个别线圈反接的可能，中型活络式绕线模如图 6-8 所示。

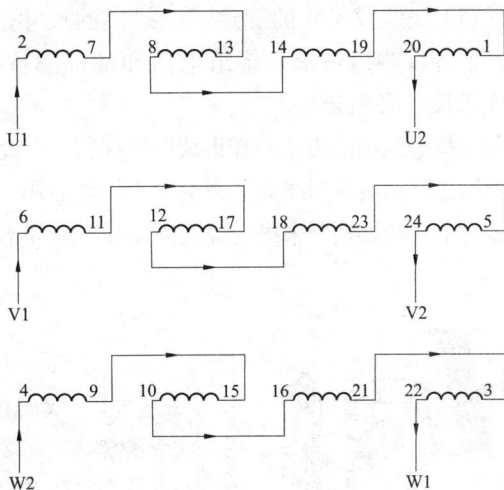

图 6-7 各相绕组连接顺序图

（3）划线板。由竹子或硬质塑料等制成，如图 6-9 所示，划线端呈鸭嘴形或匕首形，划线板要光滑，厚薄适中，要求能划入槽内 2/3 处。

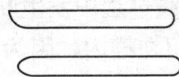

图 6-9 划线板

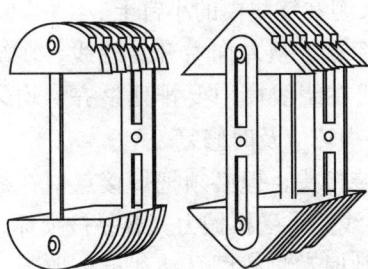

图 6-8 中型活络式绕线模

（4）压线板。一般用黄铜或低碳钢制成，形状如图 6-10 所示，当嵌完每槽导线后，就利用压线板将蓬松的导线压实，使竹签能顺利打入槽内。

（5）压线条。又称捅条，是小型电动机嵌线时必须使用的工具，如图 6-11 所示。压线条捅入槽口有两个作用：其一是利用楔形平面将槽内的部分导线压实或将槽内所有导线压实，压部分导线是为了方便继续嵌线，而压所有导线是为了便于插入槽楔，封锁槽口；其二是配合划线板对槽口绝缘纸进行折合、封口。最好根据槽形的大小制成不同尺寸的多件，压线条整体要光滑，底部要平整，以免操作时损伤导线的绝缘和槽绝缘。一般用不锈钢棒或不锈钢焊条制成，横截面为半圆形，并将头部锉成楔状，便于插入槽口中。

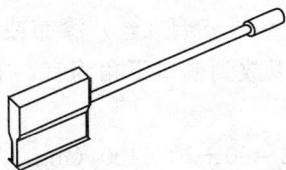

图 6-10 压线板

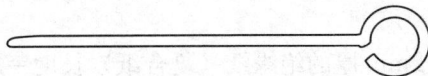

图 6-11 压线条

2. 绕组的绕制方法

（1）绕线模尺寸的确定。绕线模的尺寸选得太小会造成嵌线困难；太大又会浪费导线，使导线难以整形且绕组电阻和端部漏抗都增大，影响了电动机的电气性能。因此，绕线模尺寸必须合适。

选择绕线模的方法：在拆线时应保留一个完整的旧线圈，作为选用新绕组的尺寸依据。新线圈尺寸可直接从旧线圈上测量得出。然后用一段导线按已决定的节距在定子上先测量一下，试做一个绕线模模型来决定绕线模尺寸。端部不要太长或太短，以方便嵌线为宜。如图 6-12 所示。

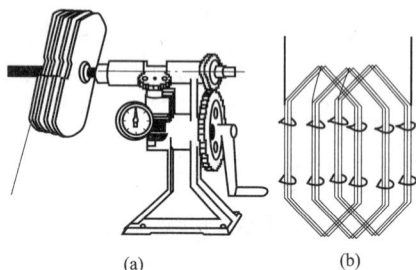

图 6-12　绕线圈

（a）绕制线圈；（b）绕扎好的线圈

（2）绕线注意事项。

1）新绕组所用导线的粗细、绕制匝数以及导线面积，应按原绕组的数据选择。

2）检查一下导线有无掉漆的地方，如果有，需涂绝缘漆，晾干后才可绕线。

3）绕线前，将绕线模正确地安装在绕线机上，用螺母拧紧，导线放在绕线架上，将线圈始端留出的线头缠在绕线模的小钉上。

4）摇动手柄，从左向右开始绕线。在绕线的过程中，导线在绕线模中要排列整齐、均匀、不得交叉或打结，并随时注意导线的质量，如果绝缘有损坏应及时修复。

5）若在绕线过程中发生断线，可在绕完后再焊接接头，但必须把焊接点留在线圈的端部，而不准留在槽内，因为在嵌线时槽内部分的导线要承受机械力，容易被损坏。

6）将扎线放入绕线模的扎线口中，绕到规定匝数时，将线圈从绕线槽上取下，逐一清数线圈匝数，不够的添上，多余的拆下，再用线绳扎好。然后按规定长度留出接线头，剪断导线，从绕线模上取下即可。

7）采用连绕的方法可减少绕组间的接头。把几个同样的绕线紧固在绕线机上，绕法同上，绕完一把用线绳扎好一把，直到全部完成。按次序把线圈从绕线模上取下，整齐地放在搁线架上，以免碰破导线绝缘层或把线圈搞脏、搞乱，影响线圈质量。

8）绕线机长时间使用后，齿轮啮合不好，标度不准，一般不用于连绕；用于单把绕线时也应即时校正，绕后清数，确保匝数的准确性。

### 三、嵌线的基本方法

1. 绝缘材料的裁制

为了保证电动机的质量，新绕组的绝缘必须与原绕组的绝缘相同。小型电动机定子绕组的绝缘，一般用两层 0.12mm 厚的电缆纸，中间隔一层玻璃（丝）漆布或黄蜡绸。绝缘纸外端部最好用双层，以增加强度。槽绝缘的宽度以放到槽口下角为宜，下线时另用引槽纸。

用 0.2mm 厚的绝缘纸（复合纸）长度＝槽长＋5×2＝90＋10＝100（mm），宽度＝槽深×2×2＝15×2×2＝60（mm）。线圈端部的相间绝缘可根据线圈节距的大小来裁制，保持相间绝缘良好。

**2. 单链短节距绕组的嵌线方法**

嵌线顺序如图6-13所示。

(1) 先将第一个线圈的一个有效边嵌入槽7中，线圈的另一个有效边暂时不嵌入槽2中，如图6-13所示。

图6-13 嵌线顺序示意图

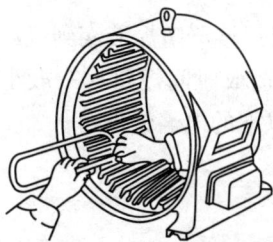

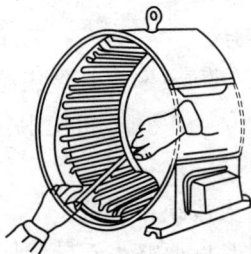

(2) 空一个槽（8号槽）暂时不下线，再将第二个线圈的一个有效边嵌入槽9中。同样，线圈二的另一个有效边暂时不嵌入槽4中。

(3) 再空一个槽（10号槽）暂不嵌线，将线圈三的一个有效边嵌入槽11，另一个有效边嵌入槽6。

(4) 接下来的嵌法和第三个线圈一样，依次类推，直到线圈十二的有效边都嵌入槽中。

(5) 将线圈一和线圈二的另一个有效边分别嵌入槽2和槽4中去，即7→9→6、11→8、13→10、15→12、17→14、19→16、21→18、23→20、1→22、3→24、5→2→4。

**3. 嵌线的注意事项及工艺要求**

(1) 嵌线前注意事项：①用万用表测量12个线圈的通断；②将24个有效边按1～24进行编号，以方便嵌线和接线；③将线圈的引线放到电动机的同一侧；④绝缘纸要高于槽口15mm左右，呈喇叭口状；⑤绝缘纸两端伸出部分应折叠成双层，伸出铁心5mm左右，以加强槽口两端绝缘及机械强度；⑥绕组首尾端对应的槽尽量靠近接线盒。

(2) 嵌线工艺。将线圈一有效边捻成一个扁片，从槽的一端顺入，再将线圈从槽口另一端拉入槽内。在线圈的另一边与铁心之间垫一张牛皮纸或绝缘纸，防止线圈未嵌入的有效边与铁心摩擦，损伤导线绝缘层。若一次拉入有困难，可将槽外的导线理好放平，再用划线板将导线逐步划入槽内，如图6-14所示。嵌线时注意事项：①嵌完一个线圈后要用仪表测其通断和对外壳的绝缘；②检查其位置是否正确，然后，再嵌下一个线圈；③导线一定要放在绝缘纸内，否则，将会造成线圈接地或短路；④不能过于用力把线圈的两端向下按，以免定子槽的端口损伤线圈绝缘层。

(3) 压导线。嵌完线圈，如果槽内导线太满，可用压线板沿定子槽来回地压几次，将导线压紧，以便能将竹楔顺利打入槽口，但一定注意不可猛撬，端部槽口转角处，往往容易凸起。

(4) 封槽口。嵌完后，剪去槽口绝缘纸，用划线板将绝缘纸压入槽内。将竹楔一端插入槽口，用小锤轻轻敲入。竹楔的长度要比定子槽长5mm左右，其厚度不能小于3mm，宽度应根据定子槽的宽窄和嵌线后槽内的松紧程度来确定，以导线不发生松动为宜，如图6-15所示。

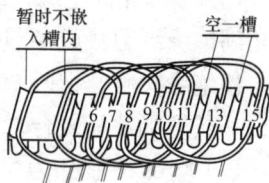

图6-14 嵌线示意图

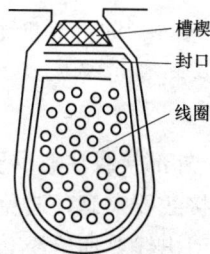

图6-15 封槽口

（5）端部相间绝缘。线圈端部、绕组之间必须加垫绝缘物。根据绕组端部的形状，可将相间绝缘纸剪裁成半圆弧形状，高出端部导线约 5mm，插入相邻的两个线圈之间，下端与槽绝缘接触，把两个线圈完全隔开。单层绕组相间绝缘可用两层 0.18mm 的绝缘漆布或一层聚酯薄酯复合青壳纸。

（6）端部整形。为了不影响通风散热，同时又使转子容易装入定子内腔，必须对绕组端部进行整形，形成外大里小的喇叭口，如图 6-16 所示。整形方法：用手按压绕组端部的内侧，或用橡皮锤敲打绕组，严禁损伤导线漆膜和绝缘材料，以免发生短路故障。

（7）包扎。端部整形后，用白布带对绕组线圈进行统一包扎，因为虽然定子是静止不动的，但电动机在起动过程中，导线将受电磁力的作用而振动。

4. 端部接线

绕组的接线分为内部接线和外部接线两部分。

（1）内部接线。嵌线完毕，先确定每相的首尾端，做好标记，预留线头足够长，然后将每相绕组的 4 个线圈连接起来，最后只留一头一尾，三相共三头三尾，如图 6-16 和图 6-17 所示。

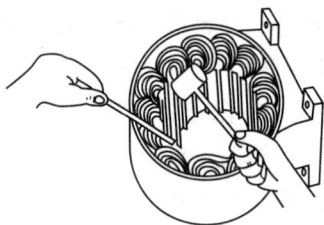

图 6-16 端部整形

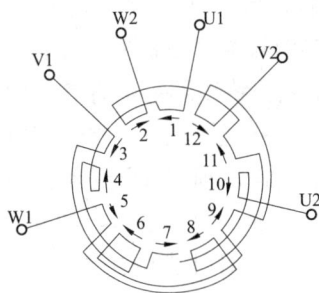

图 6-17 绕组的内部接线

（2）外部接线。将三相绕组的 6 个线端（U1、V1、W1、U2、V2、W2），按星形或三角形连接到接线盒内，如图 6-18 所示。

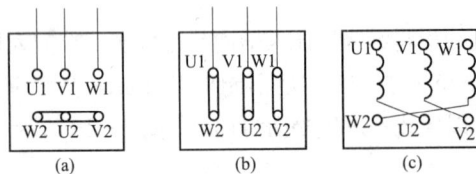

图 6-18 电动机绕组外部接线

(a) Y连接；(b) △连接；(c) 电动机绕组内部连接

（3）内部接线注意事项。

1）接线前，要清除线头绝缘漆层，一定打磨干净，预留线头长短要合适。

2）接线前，先套上绝缘管，然后紧密缠绕。

3）用焊锡焊接严防焊液滴到绕组上，损坏绕组绝缘，造成匝间短路。一般小型电动机使用 50W 以下的电烙铁即可。

（4）外部接线注意事项。

1）接线要牢靠，避免出现打火或缺相现象。

2）引出线要加绝缘套管，其长度要略小于导线长度。

3）注意绕组首尾端的位置和连接顺序。

# 分块三 电动机的装配

## 一、绕组的检查与测试

连线接好后，应仔细检查三相绕组的接线有无错误，绝缘有无损坏，线圈是否有接地、短路或开路等现象。

### 1. 检查每相绕组是否接反

方法是：把一相绕组接上 36V 低压直流电源，用一个小磁针在定子铁心槽上逐槽慢慢移动。对于短节距绕组，如果小磁针在同相线圈相邻处的指示方向不定，则说明该处必定有接反的线圈。

### 2. 检查三相首尾端是否接反

方法有绕组串联检查法、电流检查法和万用表检查法。

（1）绕组串联检查法。将一相绕组接在 36V 交流电源上，另外两相串联起来接一灯泡。灯泡发光，说明三相绕组首尾端的连接正确；灯泡不发光，说明三相绕组首尾端的连接相反，可对调后再试。用同样的方法可以找到每一个绕组的首尾端。

（2）电流检查法。将三相绕组接经调压器降压的三相低压电源。若三相电流平衡，则表明接线正确；如果有一相首尾端接反，则接通三相电源后，因三相电流不平衡，绕组温度急剧升高，此时应及时切断电源，以免烧坏电动机绕组。

（3）万用表检查法。用万用表确定各相的首尾端有两种方法。

1）将三相绕组并联连接在万用表的毫安挡上，用手转动转子，如果万用表指针不动，则说明绕组首尾端的连接正确；如果万用表的指针偏转，则说明绕组首尾端的连接错误。这一方法是利用转子中的剩磁在定子三相绕组内感应出电动势，当感应出的电动势同向时，万用表中无电流流动；反向时万用表中有电流流动，方法如图 6-19（a）所示。

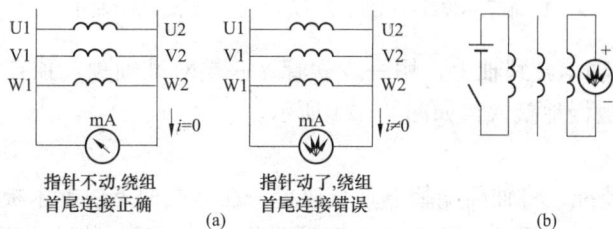

图 6-19 用万用表测三相绕组的首尾端

2）将某相绕组串接在万用表的毫安挡上，另一相接干电池。在接通开关的瞬间，若万用表毫安挡指针摆向大于零的一边，则电池正极所接线端与万用表负极所接线端同为首端或同为尾端；如果指针反向摆动，则电池正极所接线端与万用表正极所接端同为首端或为尾端；再将电池接到另一相的两个线端试验，就可确定各相的首端与尾端了。方法如图 6-19（b）所示。

### 3. 检查相间与相地的绝缘情况

线圈嵌好后，要求各方面绝缘良好。若绕组对地绝缘不良或相间绝缘不良，就会造成绝缘电阻过低而不合格。检验绕组对地绝缘和相间绝缘的方法是用绝缘电阻表测量其绝缘电阻的大小。

**4. 旋转磁场的测试**

绝缘测试合格后，给定子绕组通入 50～60V 三相交流电压，用一钢珠或带孔铁片置入定子空间，沿槽壁慢慢移动，观察旋转情况。如果转速均匀，表示旋转磁场正常，绕组接线正确。

## 二、电动机的装配

电动机的装配工序与拆卸时的工序相反。主要步骤及工艺要求如下。

**1. 装配前检查**

装配前应认真清点各零部件的个数，检查定子、转子、轴承上有无杂物或油污。

**2. 装配轴承**

（1）检查轴承质量是否合格，用机油清洗轴承，并加适当润滑脂。安装时标号必须向外，以便以后更换时核查轴承型号。

（2）安装时可采用冷套和热套两种方法。

1）热套法：轴承可放在温度为 80～100℃的变压器油中，加热 20～40min。趁热迅速把轴承一直推到轴肩，冷却后自动收缩套紧。在加热中应注意温度不能太高，时间不宜过长，以免轴承退火；轴承应放在网孔架上，不与油箱底或箱壁接触；轴承受热要均匀，如图 6-20 所示。

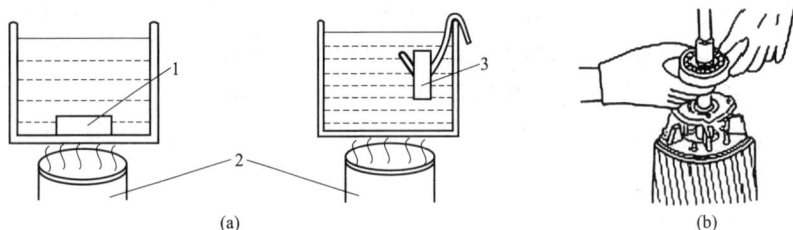

图 6-20 热套法安装轴承

（a）用油加热轴承；（b）热套轴承

1—轴承不能放在槽底；2—火炉；3—轴承应吊在槽中

2）冷套法：把轴承套到轴上，用一段铁管，一端对准轴颈，顶在轴承的内圈上，用手锤敲打另一端，缓慢地敲入，如图 6-21 所示。

**3. 装配端盖**

（1）后端盖的装配。将轴前端朝下垂直放置，在其端面上垫上木板，将后端盖套在后轴承上，用木锤敲打，如图 6-22 所示。把后端盖敲进去后，装轴承外盖。注意紧固内

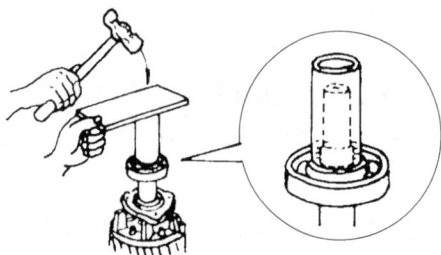

图 6-21 冷套法安装轴承

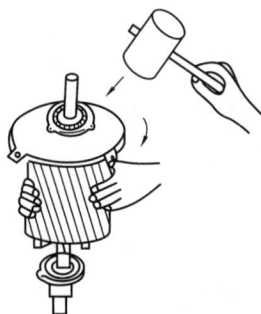

图 6-22 后端盖的安装

外轴承盖螺栓时，要同时拧紧，不能先拧紧一个，再拧紧另一个。

（2）前端盖的装配。除去端盖口和机壳口的脏物，然后将前端盖对准机座标记，用木锤均匀敲击端盖四周，不可单边着力；把端盖装上；在拧上端盖的紧固螺栓时，要四周均匀用力，按对角线上下左右逐步拧紧，不能先拧紧一个，再拧紧另一个，不然会造成耳攀断裂和转子同心度不良，如图 6-23 所示。在装前轴外端盖时，先在外轴承盖孔内插入一根螺栓，一只手顶住螺栓，另一只手慢慢转动转轴，轴承内盖也随之转动，当手感觉到外盖螺孔对齐时，就可以将螺栓拧入内轴承盖的螺孔内。

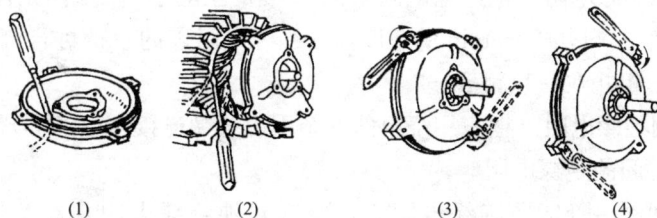

(1)　　　　(2)　　　　(3)　　　　(4)

图 6-23　前端盖的安装

4．装配后的机械性能检查

（1）所有紧固螺钉是否拧紧。

（2）轴承内是否有杂声。

（3）转子是否灵活，无扫膛、无松动。

（4）转轴径向偏摆是否超过允许值。

### 三、浸漆、烘干

电动机绕组浸漆能增强绕组的耐潮性，提高绕组的绝缘强度和机械强度，改善绕组的散热能力和防腐能力。电动机的浸漆分为预烘、浸漆、烘干三个环节。

1．预烘

预烘是为了驱除线圈和绝缘材料中的潮气，便于浸漆。

方法：温度控制在 120℃ 左右，时间控制在 5~8h，每隔 1h 测一次绝缘电阻，直至绝缘电阻稳定。

2．浸漆

绕组的温度控制在 60~70℃。如果绕组温度过高，溶剂挥发太快，不容易浸到线圈内部。如果绕组温度过低，漆的黏度大，流动性与渗透性差，也不易浸到线圈内部。中小型电动机用浸漆的方法：第一次时间要大于 15min，直到不冒气泡为止。大型电动机用浇漆方法：先浇绕组一端，再浇另一端，最好重复浇几次。最后，滴干余漆。

3．烘干

烘干的目的是挥发掉漆中的溶剂与水分，在绕组表面形成坚固的漆膜。烘干过程最好分为两个阶段：低温阶段和高温阶段。低温烘干时控制温度在 70~80℃，为 2~4h，这样使溶剂缓慢挥发，以免表面太快成膜。高温烘干时温度在 110~120℃，为 8~16h。烘干过程每隔一小时测一次绝缘电阻，直至稳定，使绝缘电阻值大于 5MΩ 以上。

烘干方法有烘干箱、灯泡加热、火炉加热、电流干燥法等。

## 四、电动机装配后的电气检查与试验

### 1. 直流电阻的测定

测量目的是检验定子绕组在装配过程中是否造成线头断裂、松动、绝缘不良等。具体方法是测三相绕组的直流电阻是否平衡，要求误差不超过平均值的4%。

### 2. 绝缘电阻的测定

测量目的主要是检验绕组对地绝缘和相间绝缘。

（1）测量对地绝缘电阻。把绝缘电阻表的 L 极接至电动机绕组的引出线端，把 E 极接在电动机的机座上，以 120r/min 的速度摇动绝缘电阻表的手柄进行测量。测量时既可分相测量，也可三相并在一起测量。

（2）测量相间绝缘电阻。把三相绕组的 6 个引出线端连接头全部拆开，用绝缘电阻表分别测量每两相之间的绝缘电阻。

低压电动机可采用 500V 绝缘电阻表，要求对地绝缘电阻与相间绝缘电阻不小于 0.5MΩ。如果低于此值就必须经干燥处理后才能进行耐压试验。

### 3. 耐压实验

试验目的是检验电动机的绝缘和嵌线质量。方法是：在绕组与机座及绕组各相之间施加 500V 的交流电压，历时 1min，而无击穿现象为合格。在试验时，必须注意安全，防止触电事故发生。

### 4. 短路试验

在定子线圈两端加 70~95V 短路电压，此时，定子电流达到额定值为合格。试验时要求在转子不转的情况下进行。电压通过调压器从零逐渐增大到规定值。

如果定子电流达到额定值，而短路电压过高，表示匝数过多、漏抗太大，反之表示匝数太少、漏抗太小。

### 5. 空载试验

在定子绕组上施加额定电压，使电动机不带负载运行。

（1）用钳形电流表测三相起动电流。

（2）用电流表测三相空载电流。三相空载电流不平衡应不超过 5%，如果相差较大或有"嗡嗡"声，则可能是接线错误或有短路现象。

（3）用电压表测各相电压和线电压。

（4）用转速表测空载转速。

## ✎ 实训内容及要求

实训项目量化考核表见表 6-2。

表 6-2　　　　　　　　　　　　　实训项目量化考核表

| 项目内容 | 考核要求 | 配分 | 扣分标准 | 课时 | 得分 |
|---|---|---|---|---|---|
| 拆卸电动机 | 拆卸方法正确，顺序合理，定子绕组无碰伤、部件无损坏，所打标记清楚 | 10 | 拆卸方法不正确，扣 2 分；碰伤定子绕组或损坏部件，扣 2 分；标记不清楚，每处扣 2 分 | 6 | |

| 项目内容 | 考核要求 | 配分 | 扣分标准 | 课时 | 得分 |
|---|---|---|---|---|---|
| 绕组嵌线 | 嵌线方法正确，工艺符合要求，线圈无碰伤，零部件、工具无损坏，节约材料 | 40 | 工具使用不当，扣5分；材料消耗不当，扣5分；嵌线方法不正确，扣5分；整装工艺不佳，扣5分；出现绕组故障，扣5分 | 14 | |
| 装配电动机 | 装配方法正确，顺序合理，重要及关键部件清洗干净，装配后转动灵活 | 10 | 装配方法错误，扣2分；轴承和轴承盖清洗不干净，扣2分；轴承装反或装法不当，扣2分；装配后转动不灵活扣2分 | 2 | |
| 故障分析 | 对常见的故障通过现象会判断、会分析，并能提出一般的处理方案及实施 | 10 | 给出缺相、匝间短路、相间短路、过载、接地等故障现象，每判断错一项扣2分 | 2 | |
| 旋转磁场测试 | 一次测试成功 | 15 | 二次测试成功，扣5分 | 2 | |
| 电动机试车 | 通电一次试车成功 | 15 | 二次试车成功，扣5分 | 2 | |
| 合计 | | 100 | | 28 | |
| 安全文明操作 | 根据实际情况，指导教师酌情扣0～10分 | | | | |

# 维修电工中级理论知识试卷（第一套）

**注意事项：**

1. 本试卷依据 2009 年颁布的《维修电工》国家职业标准命制，考试时间 120 分钟。

2. 请在试卷标封处填写姓名、准考证号和所在单位的名称。

3. 请仔细阅读答题要求，在规定位置填写答案。

**一、单项选择题**（第 1 题～第 160 题。选择一个正确的答案，将相应的字母填入题内的括号中。每题 0.5 分，满分 80 分。）

1. 在企业经营活动中，下列选项中的（B）不是职业道德功能的表现。

A. 激励作用  B. 决策能力  C. 规范行为  D. 遵纪守法

2. 下列选项中属于职业道德作用的是（A）。

A. 增强企业的凝聚力  B. 增强企业的离心力

C. 决定企业的经济效益  D. 增强企业员工的独立性

3. 从业人员在职业交往活动中，符合仪表端庄具体要求的是（B）。

A. 着装华贵  B. 适当化妆或戴饰品

C. 饰品俏丽  D. 发型要突出个性

4. 企业创新要求员工努力做到（C）。

A. 不能墨守成规，但也不能标新立异

B. 大胆地破除现有的结论，自创理论体系

C. 大胆地试大胆地闯，敢于提出新问题

D. 激发人的灵感，遏制冲动和情感

5. 职业纪律是从事这一职业的员工应该共同遵守的行为准则，它包括的内容有（D）。

A. 交往规则  B. 操作程序  C. 群众观念  D. 外事纪律

6. 严格执行安全操作规程的目的是（C）。

A. 限制工人的人身自由

B. 企业领导刁难工人

C. 保证人身和设备的安全以及企业的正常生产

D. 增强领导的权威性

7. （B）的方向规定由该点指向参考点。

A. 电压  B. 电位  C. 能量  D. 电能

8. 电功的常用实用的单位有（C）。

A. 焦耳  B. 伏安  C. 度  D. 瓦

9. 支路电流法是以支路电流为变量列写节点电流方程及（A）方程。

A. 回路电压  B. 电路功率  C. 电路电流  D. 回路电位

10. 处于截止状态的三极管，其工作状态为（B）。

A. 射结正偏，集电结反偏        B. 射结反偏，集电结反偏

C. 射结正偏，集电结正偏        D. 射结反偏，集电结正偏

11. 铁磁材料在磁化过程中，当外加磁场 $H$ 不断增加，而测得的磁场强度几乎不变的性质称为（D）。

    A. 磁滞性        B. 剩磁性        C. 高导磁性        D. 磁饱和性

12. 三相对称电路的线电压比对应相电压（A）。

    A. 超前 $30°$        B. 超前 $60°$        C. 滞后 $30°$        D. 滞后 $60°$

13. 三相异步电动机的优点是（D）。

    A. 调速性能好        B. 交直流两用        C. 功率因数高        D. 结构简单

14. 三相异步电动机工作时，其电磁转矩是由旋转磁场与（B）共同作用产生的。

    A. 定子电流        B. 转子电流        C. 转子电压        D. 电源电压

15. 行程开关的文字符号是（B）。

    A. QS        B. SQ        C. SA        D. KM

16. 交流接触器的作用是可以（A）接通和断开负载。

    A. 频繁地        B. 偶尔        C. 手动        D. 不需

17. 读图的基本步骤有：看图样说明，（B），看安装接线图。

    A. 看主电路        B. 看电路图        C. 看辅助电路        D. 看交流电路

18. 当二极管外加电压时，反向电流很小，且不随（C）变化。

    A. 正向电流        B. 正向电压        C. 电压        D. 反向电压

19. 射极输出器的输出电阻小，说明该电路的（A）。

    A. 带负载能力强        B. 带负载能力差

    C. 减轻前级或信号源负载        D. 取信号能力强

20. 云母制品属于（A）。

    A. 固体绝缘材料        B. 液体绝缘材料        C. 气体绝缘材料        D. 导体绝缘材料

21. 跨步电压触电，触电者的症状是（D）。

    A. 脚发麻        B. 脚发麻、抽筋并伴有跌倒在地

    C. 腿发麻        D. 以上都是

22. 危险环境下使用的手持电动工具的安全电压为（B）。

    A. 9V        B. 12V        C. 24V        D. 36V

23. 台钻钻夹头用来装夹直径（D）以下的钻头。

    A. 10mm        B. 11mm        C. 12mm        D. 13mm

24. 电器通电后发现冒烟、闻有烧焦气味或着火时，应立（D）。

    A. 逃离现场        B. 泡沫灭火器灭火        C. 用水灭火        D. 切断电源

25. 盗窃电能的，由电力管理部门责令停止违法行为，追缴电费并处应交电费（D）以上的罚款。

    A. 三倍        B. 十倍        C. 四倍        D. 五倍

26. 调节电桥平衡时，若检流计指针向标有"－"的方向偏转时，说明（C）。

    A. 通过检流计电流大、应增大比较臂的电阻

    B. 通过检流计电流小、应增大比较臂的电阻

C. 通过检流计电流小、应减小比较臂的电阻

D. 通过检流计电流大、应减小比较臂的电阻

27. 直流单臂电桥测量十几欧电阻时，比率应选为（B）。

A. 0.001　　　　　B. 0.01　　　　　C. 0.1　　　　　D. 1

28. 直流双臂电桥达到平衡时，被测电阻值为（A）。

A. 倍率度数与可调电阻相乘　　　　　B. 倍率度数与桥臂电阻相乘

C. 桥臂电阻与固定电阻相乘　　　　　D. 桥臂电阻与可调电阻相乘

29. 直流单臂电桥用于测量中值电阻，直流双臂电桥测量电阻在（B）Ω 以下。

A. 10　　　　　B. 1　　　　　C. 20　　　　　D. 30

30. 信号发生器输出 CMOS 电平为（A）V。

A. 3～15　　　　　B. 3　　　　　C. 5　　　　　D. 15

31. 表示数字万用表抗干扰能力的共模抑制比可达（A）。

A. 80～120dB　　　　　B. 80dB　　　　　C. 120dB　　　　　D. 40～60dB

32. 示波器的 Y 轴通道对被测信号进行处理，然后加到示波器的（B）偏转板上。

A. 水平　　　　　B. 垂直　　　　　C. 偏上　　　　　D. 偏下

33. 数字存储示波器的频带最好是测试信号带宽的（C）倍。

A. 3　　　　　B. 4　　　　　C. 6　　　　　D. 5

34. 晶体管特性图示仪零电流开关是测试管子的（B）。

A. 击穿电压、导通电流　　　　　B. 击穿电压、穿透电流

C. 反偏电流、穿透电流　　　　　D. 反偏电压、导通电流

35. 晶体管毫伏表测试频率范围一般为（D）。

A. 5Hz～20MHz　　　　　B. 1kHz～10MHz

C. 500Hz～20MHz　　　　　D. 100Hz～10MHz

36. 78 及 79 系列三端集成稳压电路的封装通常采用（A）。

A. TO‐220、TO‐202　　　　　B. TO‐110、TO‐202

C. TO‐220、TO‐101　　　　　D. TO‐110 、TO‐220

37. 符合有"1"得"0"，全"0"得"1"的逻辑关系的逻辑门是（D）。

A. 或门　　　　　B. 与门　　　　　C. 非门　　　　　D. 或非门

38. 晶体管型号 KS20‐8 中的 8 表示（A）。

A. 允许的最高电压 800V　　　　　B. 允许的最高电压 80V

C. 允许的最高电压 8V　　　　　D. 允许的最高电压 8kV

39. 双向晶闸管是（A）半导体结构。

A. 四层　　　　　B. 五层　　　　　C. 三层　　　　　D. 两层

40. 单结晶体管的结构中有（B）个基极。

A. 1　　　　　B. 2　　　　　C. 3　　　　　D. 4

41. 单结晶体管两个基极的文字符合是（D）。

A. $C_1$、$C_2$　　　　　B. $D_1$、$D_2$　　　　　C. $E_1$、$E_2$　　　　　D. $B_1$、$B_2$

42. 理想集成运放输出电阻为（C）。

A. 10Ω　　　　　B. 100Ω　　　　　C. 0　　　　　D. 1kΩ

43. 分压式偏置共射放大电路，稳定工作点效果受（C）影响。

A. $R_C$            B. $R_B$            C. $R_E$            D. $U_{ce}$

44. 固定偏置共射放大电路出现截止失真，是（B）。

A. $R_B$ 偏小        B. $R_B$ 偏大        C. $R_C$ 偏小        D. $R_C$ 偏大

45. 为了增加带负载能力，常用共集电极放大电路的（B）特性。

A. 输入电阻大        B. 输入电阻小        C. 输出电阻大        D. 输出电阻小

46. 共射极放大电路的输出电阻比共基极放大电路的输出电阻是（B）。

A. 大               B. 小               C. 相等             D. 不定

47. 能用于传递交流信号且具有阻抗匹配的耦合方式是（B）。

A. 阻容耦合          B. 变压器耦合        C. 直接耦合          D. 电感耦合

48. 要稳定输出电流，增大电路输入电阻应选用（C）负反馈。

A. 电压串联          B. 电压并联          C. 电流串联          D. 电流并联

49. 差动放大电路能放大（D）。

A. 直流信号          B. 交流信号          C. 共模信号          D. 差模信号

50. 下列不是集成运放的非线性应用的是（C）。

A. 过零比较器        B. 滞回比较器        C. 积分应用          D. 比较器

51. 音频集成功率放大器的电源电压一般为（A）V。

A. 5               B. 10              C. 5～8            D. 6

52. RC 选频振荡电路，能测试电路振荡的放大电路的放大倍数至少为（B）。

A. 10              B. 3               C. 5               D. 20

53. 串联型稳压电路的取样电路与负载的关系为（B）连接。

A. 串联             B. 并联             C. 混连             D. 星形

54. 三端集成稳压器件 CW317 的输出电压为（D）V。

A. 1.25            B. 5               C. 20              D. 1.25～37

55. 下列逻辑门电路需要外接上拉电阻才能正常工作的是（D）。

A. 与非门           B. 或非门           C. 与或非门          D. OC 门

56. 单相半波可控整流电路中晶闸管所承受的最高电压是（D）。

A. $1.414U_2$       B. $0.707U_2$       C. $U_2$            D. $2U_2$

57. 单相半波可控整流电路电阻性负载，控制角 $\alpha=90°$ 时，输出电压 $U_d$ 是（B）。

A. $0.45U_2$        B. $0.225U_2$       C. $0.5U_2$         D. $U_2$

58. 单相桥式可控整流电路电感性负载带续流二极管时，晶闸管的导通角为（A）。

A. $180°-\alpha$    B. $90°-\alpha$     C. $90°+\alpha$     D. $180°+\alpha$

59. 单结晶体管触发电路的同步电压信号来自（A）。

A. 负载两端          B. 晶闸管            C. 整流电源          D. 脉冲变压器

60. 晶闸管电路串入小电感的目的是（A）。

A. 防止尖峰电流       B. 防止尖峰电压       C. 产生触发脉冲       D. 产生自感电动势

61. 晶闸管两端并联压敏电阻的目的是实现（D）。

A. 防止冲击电流       B. 防止冲击电压       C. 过电流保护        D. 过电压保护

62. 控制和保护含半导体器件的直流电路中宜选用（D）断路器。

A. 塑壳式 　　　　 B. 限流型 　　　　 C. 框架式 　　　　 D. 直流快速

63. 接触器的额定电流应不小于被控电路的（A）。

A. 额定电流 　　　 B. 负载电流 　　　 C. 最大电流 　　　 D. 峰值电流

64. 对于△接法的异步电动机应选用（B）结构的热继电器。

A. 四相 　　　　　 B. 三相 　　　　　 C. 两项 　　　　　 D. 单相

65. 中间继电器的选用依据是控制电路的（B）、电流类型、所需触点的数量和容量等。

A. 短路电流 　　　 B. 电压等级 　　　 C. 阻抗大小 　　　 D. 绝缘等级

66. 对于环境温度变化大的场合，不宜选用（A）时间继电器。

A. 晶体管式 　　　 B. 电动式 　　　　 C. 液压式 　　　　 D. 手动式

67. 压力继电器选用时首先要考虑所测对象的压力范围，还要符合电路中的额定电压，（D）所测管路接口管径的大小。

A. 触点的功率因数 　　　　　　　　　 B. 触点的电阻率

C. 触点的绝缘等级 　　　　　　　　　 D. 触点的电流容量

68. 直流电动机结构复杂、价格贵、制造麻烦、维护困难，但是（B）、调速范围大。

A. 启动性能差 　　 B. 启动性能好 　　 C. 启动电流小 　　 D. 启动转矩小

69. 直流电动机的转子由电枢铁心、电枢绕组、（D）、转轴等组成。

A. 接线盒 　　　　 B. 换向极 　　　　 C. 主磁极 　　　　 D. 换向器

70. 直流电动机常用的起动方法有：电枢串电阻起动、（B）等。

A. 弱磁起动 　　　 B. 降压起动 　　　 C. Y-△起动 　　　 D. 变频起动

71. 直流电动机的各种制动方法中，能向电源反送电能的方法是（D）。

A. 反接制动 　　　 B. 抱闸制动 　　　 C. 能耗制动 　　　 D. 回馈制动

72. 直流串励电动机需要反转时，一般将（A）两头反接。

A. 励磁绕组 　　　 B. 电枢绕组 　　　 C. 补偿绕组 　　　 D. 换向绕组

73. 直流电动机由于换向器表面有油污导致点刷下火花过大时，应（C）。

A. 更换电刷 　　　　　　　　　　　　 B. 重新精车

C. 清洁换向器表面 　　　　　　　　　 D. 对换向器进行研磨

74. 绕线式异步电动机转子串频敏变阻器起动时，随着转速升高，（D）自动减小。

A. 频敏变阻器的等效电压 　　　　　　 B. 频敏变阻器的等效电流

C. 频敏变阻器的等效功率 　　　　　　 D. 频敏变阻器的等效电阻

75. 绕线式异步电动机转子串三级电阻起动时，可用（B）实现自动控制。

A. 压力继电器 　　 B. 速度继电器 　　 C. 电压继电器 　　 D. 电流继电器

76. 多台电动机顺序控制的线路是（A）。

A. 既包括顺序起动，又包括顺序停止 　 B. 不包括顺序停止

C. 包括顺序起动 　　　　　　　　　　 D. 通过自锁环节实现

77. 下列不属于位置控制线路的是（A）。

A. 走廊照明灯的两处控制电路 　　　　 B. 龙门刨床的自动往返控制电路

C. 电梯的开关门电路 　　　　　　　　 D. 工厂车间里行车的终点保护电路

78. 三相异步电动机能耗制动时，机械能转换为电能并消耗在（D）回路的电阻上。

A. 励磁      B. 控制      C. 定子      D. 转子

79. 三相异步电动机能耗制动的过程可用（D）来控制。

A. 电压继电器      B. 电流继电器      C. 热继电器      D. 时间继电器

80. 三相异步电动机反接制动时，速度接近零时要立即断开电源，否则电动机会（B）。

A. 飞车      B. 反转      C. 短路      D. 烧坏

81. 三相异步电动机倒拉反接制动时需要（A）。

A. 转子串入较大的电阻      B. 改变电源的相序

C. 定子通入直流电      D. 改变转子的相序

82. 三相异步电动机再生制动时，将机械能转换为电能，回馈到（D）。

A. 负载      B. 转子绕组      C. 定子绕组      D. 电网

83. 同步电动机采用变频起动时，转子励磁绕组应该（B）。

A. 接到规定的直流电源      B. 串入一定的电阻后短路

C. 开路      D. 短路

84. M7130 平面磨床的主电路中有三台电动机，使用了（A）热继电器。

A. 三个      B. 四个      C. 一个      D. 两个

85. M7130 平面磨床控制电路中串接着转换开关 QS2 的动合触点和（A）。

A. 欠电流继电器 KUC 的动合触点      B. 欠电流继电器 KUC 的动断触点

C. 过电流继电器 KUC 的动合触点      D. 过电流继电器 KUC 的动断触点

86. M7130 平面磨床控制电路中整流变压器安装在配电板的（D）。

A. 左方      B. 右方      C. 上方      D. 下方

87. M7130 平面磨床中，砂轮电动机和液压泵电动机都采用了接触器（B）控制电路。

A. 自锁反转      B. 自锁正转      C. 互锁正转      D. 互锁反转

88. M7130 平面磨床中，冷却泵电动机 M2 必须在（C）运行后才能起动。

A. 照明变压器      B. 伺服驱动器

C. 液压泵电动机 M3      D. 砂轮电动机 M1

89. M7130 平面磨床中电磁吸盘吸力不足的原因之一是（A）。

A. 电磁吸盘的线圈内有匝间短路      B. 电磁吸盘的线圈内有开路

C. 整流变压器开路      D. 整流变压器短路

90. M7130 平面磨床中，砂轮电动机的热继电器经常动作，轴承正常，砂轮进给量正常，则需要检查和调整（C）。

A. 照明变压器      B. 整流变压器      C. 热继电器      D. 液压泵电动机

91. C6150 车床主轴电动机通过（B）控制正反转。

A. 手柄      B. 接触器      C. 断路器      D. 热继电器

92. C6150 车床控制电路中有（B）行程开关。

A. 3 个      B. 4 个      C. 5 个      D. 6 个

93. C6150 车床控制线路中变压器安装在配电板的（D）。

A. 左方      B. 右方      C. 上方      D. 下方

94. C6150 车床主轴电动机反转、电磁离合器 YC1 得电时，主轴的转向为（A）。

A. 正转　　　　　　B. 反转　　　　　　C. 高速　　　　　　D. 低速

95. Z3040 摇臂钻床主电路中的 4 台电动机，有（A）台电动机需要正反转控制。

A. 2　　　　　　　　B. 3　　　　　　　　C. 4　　　　　　　　D. 1

96. Z3040 摇臂钻床的液压泵电动机由按钮、行程开关、时间继电器和接触器等构成的（C）控制电路来实现。

A. 单相起动停止　　B. 自动往返　　　　C. 正反转短时　　　D. 减压起动

97. Z3040 摇臂钻床中主轴箱与立柱的夹紧和放松控制按钮安装在（B）。

A. 摇臂上　　　　　　　　　　　　　B. 主轴箱移动手轮上

C. 主轴箱外壳　　　　　　　　　　　D. 底座上

98. Z3040 摇臂钻床中的局部照明灯由控制变压器供给（D）安全电压。

A. 交流 6V　　　　B. 交流 10V　　　C. 交流 30V　　　D. 交流 24V

99. Z3040 摇臂钻床中液压泵电动机正反转具有（D）功能。

A. 接触器互锁　　　B. 双重互锁　　　　C. 按钮互锁　　　D. 电磁阀互锁

100. Z3040 摇臂钻床中摇臂不能夹紧的原因可能是（D）。

A. 调整行程开关 SQ2 位置　　　　　　B. 时间继电器定时不合适

C. 主轴电动机故障　　　　　　　　　　D. 液压系统故障

101. Z3040 摇臂钻床中摇臂不能夹紧的原因是液压电动机过早停转时，应（D）。

A. 调整速度继电器位置　　　　　　　　B. 重接电源相序

C. 更换液压泵　　　　　　　　　　　　D. 调整行程开关 SQ3 位置

102. 光电开关可以非接触、（D）地迅速检测和控制各种固体、液体、透明体、黑体、柔软体、烟雾等物质的状态。

A. 高亮度　　　　　B. 小电流　　　　　C. 大力矩　　　　　D. 无损伤

103. 光电开关可在环境照度较高时，一般都能稳定工作。但应回避（A）。

A. 强光源　　　　　B. 微波　　　　　　C. 无线电　　　　　D. 噪声

104. 高频振荡电感型接近开关主要由感应头、振荡器、开关器、（A）等组成。

A. 输出电路　　　　B. 继电器　　　　　C. 发光二极管　　　D. 光电二极管

105. 接近开关的图形符号中，其动合触点部分与（B）的符号相同。

A. 断路器　　　　　B. 一般开关　　　　C. 热继电器　　　D. 时间继电器

106. 当检测体为（D）时，应选用电容型接近开关。

A. 透明材料　　　　B. 不透明材料　　　C. 金属材料　　　D. 非金属材料

107. 选用接近开关时应注意对工作电压、负载电流、（B）、检测距离等各项指标的要求。

A. 工作功率　　　　B. 响应频率　　　　C. 工作电流　　　D. 工作速度

108. 磁接近开关可以由（D）构成。

A. 接触器和按钮　　　　　　　　　　　B. 二极管和电磁铁

C. 三极管和永久磁铁　　　　　　　　　D. 永久磁铁和干簧管

109. 磁性开关中的干簧管是利用（A）来控制的一种开关元件。

A. 磁场信号　　　　B. 压力信号　　　　C. 温度信号　　　D. 电流信号

110. 磁性开关的图形符号中有一个（C）。

A. 长方形　　　　　B. 平行四边形　　　C. 棱形　　　　　　D. 正方形

111. 磁性开关用于（D）场所时应选金属材质的器件。

A. 化工企业　　　　B. 真空低压　　　　C. 强酸强碱　　　　D. 高温高压

112. 磁性开关在使用时要注意磁铁与（A）之间的有效距离在 10mm 左右。

A. 干簧管　　　　　B. 磁铁　　　　　　C. 触点　　　　　　D. 外壳

113. 增量式光电编码器主要由（D）、码盘、检测光栅、光电检测器件和转换电路组成。

A. 光电三极管　　　B. 运算放大器　　　C. 脉冲发生器　　　D. 光源

114. 增量式光电编码器每产生一个输出脉冲信号就对应于一个（B）。

A. 增量转速　　　　B. 增量位移　　　　C. 角度　　　　　　D. 速度

115. 增量式光电编码器由于采用相对编码，因此掉电后旋转角度数据（C），需要重新复位。

A. 变小　　　　　　B. 变大　　　　　　C. 会丢失　　　　　D. 不会丢失

116. 增量式光电编码器配线时，应避开（C）。

A. 电话线、信号线　B. 网络线、电话线　C. 高压线、动力线　D. 电灯线、电话线

117. 下列选项不是 PLC 的特点是（D）。

A. 抗干扰能力强　　B. 编程方便　　　　C. 安装调试方便　　D. 功能单一

118. 可编程序控制器采用大规模集成电路构成的（B）和存储器来组成逻辑部分。

A. 运算器　　　　　B. 微处理器　　　　C. 控制器　　　　　D. 累加器

119. 可编程序控制器系统由（A）、扩展单元、编程器、用户程序、程序存入器等组成。

A. 基本单元　　　　B. 键盘　　　　　　C. 鼠标　　　　　　D. 外围设备

120. $FX_{2N}$ 系列可编程序控制器定时器用（C）表示。

A. X　　　　　　　B. Y　　　　　　　C. T　　　　　　　D. C

121. 在一个程序中，同一地址号的线圈（A）次输出，且继电器线圈不能串联只能并联。

A. 能有 一　　　　B. 只能有二　　　　C. 只能有三　　　　D. 无限

122. 可编程序控制器（A）中存放的随机数据掉电即丢失。

A. RAM　　　　　　B. ROM　　　　　　C. EPROM　　　　　D. 以上都是

123. 可编程序控制器在 STOP 模式下，执行（D）。

A. 输出采样　　　　B. 输入采样　　　　C. 输出刷新　　　　D. 以上都是

124. PLC（D）阶段根据读入的输入信号状态，解读用户程序逻辑，按用户逻辑得到正确的输出。

A. 输出采样　　　　B. 输入采样　　　　C. 程序执行　　　　D. 输出刷新

125. （D）不是 PLC 主机的技术性能范围。

A. I/O 口数量　　　B. 高手计数输入个数　C. 高速脉冲输出　　D. 按钮开关种类

126. $FX_{2N}$ 可编程序控制器 DC 24V 输出电源，可以为（C）供电。

A. 电磁阀　　　　　B. 交流接触器　　　C. 负载　　　　　　D. 光电传感器

127. FX$_{2N}$可编程序控制器（B）输出反应速度比较快。

A. 继电器型　　　　　　　　　　　B. 晶体管和晶闸管型

C. 晶体管和继电器型　　　　　　　D. 继电器盒晶闸管型

128. FX$_{2N}$-40ER 可编程序控制器中的 E 表示（D）。

A. 基本单元　　　B. 扩展单元　　　C. 单元类型　　　D. 输出类型

129. 对于 PLC 晶体管输出，带电感性负载时，需要采取（D）的抗干扰措施。

A. 在负载两端并联续流二极管和稳压管串联电路

B. 电源滤波

C. 可靠接地

D. 光电耦合

130. FX$_{2N}$系列可编程序控制器中回路并联连接用（D）指令。

A. AND　　　　　B. ANI　　　　　C. ANB　　　　　D. ORB

131. PLC 的辅助继电器、定时器、计数器、输入和输出继电器的触点可使用（D）次。

A. 一　　　　　B. 二　　　　　C. 三　　　　　D. 无限

132. PLC 梯形图编程时，右端输出继电器的线圈能并联（B）个。

A. 一　　　　　B. 不限　　　　C. 0　　　　　D. 二

133. PLC 编程时，子程序可以有（A）个。

A. 无限　　　　B. 三　　　　　C. 二　　　　　D. 一

134.（B）是可编程序控制器使用较广的编程方式。

A. 功能表图　　　B. 梯形图　　　C. 位置图　　　D. 逻辑图

135. 对于简单的 PLC 梯形图设计时，一般采用（B）。

A. 子程序　　　B. 顺序控制设计法　C. 经验法　　　D. 中断程序

136. 计算机对 PLC 进行程序下载时，需要使用配套的（D）。

A. 网络线　　　B. 接地线　　　C. 电源线　　　D. 通信电缆

137. PLC 编程软件通过计算机，可以对 PLC 实施（D）。

A. 编程　　　B. 运行控制　　　C. 监控　　　D. 以上都是

138. PLC 程序检查包括（B）。

A. 语法检查、线路检查、其他检查　　　B. 代码检查、语法检查

C. 控制线路检查、语法检查　　　　　　D. 主回路检查、语法检查

139. 对于晶体管输出型可编程序控制器其所带负载只能是额定（B）电源供电。

A. 交流　　　B. 直流　　　C. 交流或直流　　　D. 高压直流

140. 可编程序控制器在硬件设计方面采用了一系列措施，如干扰的（A）。

A. 屏蔽、隔离和滤波　　　　　B. 屏蔽和滤波

C. 屏蔽和隔离　　　　　　　　D. 隔离和滤波

141. PLC 总体检查时，首先检查电源指示灯是否亮。如果不亮，则检查（A）。

A. 电源电路　　　　　　　　　B. 有何异常情况发生

C. 熔丝是否良好　　　　　　　D. 输入输出是否正常

142. 根据电动机正反转梯形图，下列指令正确的是（D）。

A. ORI Y002　　　　　B. LDI X001　　　　　C. ANDI X000　　　　　D. AND X002

143. 根据电动机正反转梯形图，下列指令正确的是（D）。

A. ORI Y001　　　　　B. LD X000　　　　　C. AND X001　　　　　D. AND X002

144. 根据电动机自动往返梯形图，下列指令正确的是（C）。

A. LDI X002　　　　　B. ORI Y002　　　　　C. AND Y001　　　　　D. ANDI X003

145. 对于晶闸管输出型 PLC 要注意负载电源为（D）。

A. AC 600V　　　　　B. AC 220V　　　　　C. DC 220V　　　　　D. DC 24V

146. 用于（A）变频调速的控制装置统称为"变频器"。

A. 感应电动机　　　B. 同步发电机　　　C. 交流伺服电动机　　D. 直流电动机

147. 交—交变频装置通常只适用于（A）拖动系统。

A. 低速大功率　　　B. 高速大功率　　　C. 低速小功率　　　D. 高速小功率

148. 交—直—交变频器主电路中的滤波电抗器的功能是（D）。

A. 将充电电流限制在允许范围内　　　B. 当负载变化时使直流电压保持平稳

C. 滤波全波整流后的电压波纹　　　　D. 当负载变化时使直流电流保持平稳

149. 具有矢量控制功能的西门子变频器型号是（B）。

A. MM410　　　　　B. MM420　　　　　C. MM430　　　　　D. MM440

150. 基本频率是变频器对电动机进行恒功率控制和恒转矩控制的分界线，应按（A）设定。

A. 电动机额定电压时允许的最小频率　　　B. 上限工作频率

C. 电动机的允许最高频率　　　　　　　　D. 电动机的额定电压时允许的最高频率

151. 在变频器的几种控制方式中，其动态性能比较的结论是（D）。

A. 转差型矢量控制系统优于无速度检测器的矢量控制系统

B. $U/f$ 控制优于转差频率控制

C. 转差频率控制优于矢量控制

D. 无速度检测器的矢量控制系统优于转差型矢量控制系统

152. 西门子 MM440 变频器可通过 USS 串行接口来控制其起动、停止（命令信号源）及（A）。

A. 频率输出大小　　B. 电动机参数　　　C. 直流制动电流　　D. 制动起始频率

153. 西门子 MM420 变频器的主电路电源端子（C）需经交流接触器和保护用断路器与三相电源连接。但不宜采用主电路的通、断进行变频器的运行与停止操作。

A. X、Y、Z　　　　B. U、V、W　　　　C. L1、L2、L3　　　D. A、B、C

154. 低压软起动器的主电路通常采用（D）形式。

A. 电阻调压　　　　B. 自耦调压　　　　C. 开关变压器调压　D. 晶闸管调压

155. 西普 STR 系列（A）软起动，是内置旁路、集成型。

A. A 型　　　　　　B. B 型　　　　　　C. C 型　　　　　　D. L 型

156. 变频起动方式比软起动器的起动转矩（A）。

A. 大　　　　　　　B. 小　　　　　　　C. 一样　　　　　　D. 小很多

157. 水泵停车时，软起动器应采用（B）。

A. 自由停车　　　　B. 软停车　　　　　C. 能耗制动停车　　D. 反接制动停车

158. 内三角接法软起动器只需承担（A）的电动机线电流。

A. 1／3    B. 1/3    C. 3    D. 3

159. 软起动器（C）常用于短时重复工作的电动机。

A. 跨越运行模式      B. 接触器旁路运行模式

C. 节能运行模式      D. 调压调速运行模式

160. 软起动器旁路接触器必须与软启动器的输入和输出端一一对应接正确（C）。

A. 要就近安装接线     B. 允许变换相序

C. 不允许变换相序     D. 要做好标记

二、判断题（第 161 题～第 199 题。将判断结果填入括号中。正确的填"√"，错误的填"×"。每题 0.5 分，满分 20 分。）

161.（×）职业道德是一种强制性的约束机制。

162.（×）要做到办事公道，在处理公私关系时，要公私不分。

163.（×）领导亲自安排的工作一定要认真负责，其他工作可以马虎一点。

164.（×）电工在维修有故障的设备时，重要部件必须加倍爱护，而像螺丝帽等通用件可以随意放置。

165.（×）变压器是根据电磁感应原理而工作的，它能改变交流电压和直流电压。

166.（√）二极管由一个 PN 结，两个引脚封装组成。

167.（×）稳压管的符号和普通二极管的符号是相同的。

168.（×）晶体管可以把小电流放大成大电流。

169.（×）负反馈能改善放大电路的性能指标，但放大倍数并没有受到影响。

170.（√）测量电流时，要根据电流大小选择适当的电流表，不能使电流大于电流表的最大量程。

171.（√）测量电压时，要根据电压大小选择适当的电压表，不能使被测量电压大于电压表的最大量程。

172.（√）使用螺丝刀时要一边压紧，一边旋转。

173.（×）喷打是利用燃烧对工件进行加工的工具，常用于锡焊。

174.（√）导线可分为铜导线和铝导线两大类。

175.（√）劳动者具有在劳动中活动安全和劳动卫生保护的权利。

176.（×）TTL 逻辑门电路的高电平、低电平与 CMOS 逻辑门电路的高、低电平值是一样的。

177.（√）双向晶闸管一般用于交流调压电路。

178.（×）集成运放只能应用于普通的运算电路。

179.（×）振荡电路当电路达到谐振时，回路的等效阻抗最大。

180.（×）熔断器用于三相异步电动机的过载保护。

181.（×）按钮盒行程开关都是主令电器，因此两者可以互换。

182.（√）电气控制线路中指示灯的颜色与对应功能的按钮颜色一般是相同的。

183.（×）控制变压器与普通变压器的不同之处是效率高。

184.（×）直流电动机按照励磁方式可分为自励、并励、串励和复励 4 类。

185.（×）直流电动机弱磁调速时，励磁电流越大，转速越高。

186. （×）三相异步电动机的位置控制电路中一定有转速继电器。

187. （√）C6150 车床快速移动电动机的正反转控制线路具有接触器互锁功能。

188. （×）C6150 车床主轴电动机只能正转不能反转时，应首先检修电源进线开关。

189. （√）光电开关在结构上可分为发射器和接收器两部分。

190. （×）光电开关接收器中的光线都来自内部的专业反光镜。

191. （×）当被检测物体的表面光亮或其反光率极高时，对射式光电开关是首选的检测模式。

192. （√）高频振动电感型接近开关是利用铁磁材料靠近感应头时，改变高频振荡线圈回路的振动频率，从而发出触发信号，驱动执行元件动作。

193. （×）增量式光电编码器用于高精度测量时要选用旋转一周对应脉冲数少的器件。

194. （×）开门程序控制器能实现的功能，用继电器控制同样能实现。

195. （×）变频器额定容量确切表明了其负载能力，是用户考虑能否满足电动机运行要求而选择变频器容量的主要依据。

196. （×）在变频器实际接线时，控制电缆靠近变频器，以防止电磁干扰。

197. （√）软起动器可用于降低电动机的起动电流，防止起动时产生力矩的冲击。

198. （×）软起动器可用于频繁或不频繁起动，建议每小时不超过 120 次。

199. （×）软起动器由微处理器控制，可以显示故障信息并可自动修复。

# 维修电工中级理论知识试卷（第二套）

**注意事项：**

1. 本试卷依据 2009 年颁布的《维修电工》国家职业标准命制，考试时间 120 分钟。

2. 请在试卷标封处填写姓名、准考证号和所在单位的名称。

3. 请仔细阅读答题要求，在规定位置填写答案。

**一、单项选择题**（第 1 题～第 160 题。选择一个正确的答案，将相应的字母填入题内的括号中。每题 0.5 分，满分 80 分。）

1. 市场经济条件下，职业道德最终将对企业起到（B）的作用。

A. 决策科学化 　　　　　　　　　B. 提高竞争力

C. 决定经济效益 　　　　　　　　D. 决定前途与命运

2. 下列选项中属于企业文化功能的是（A）。

A. 整合功能 　　　　　　　　　　B. 技术培训功能

C. 科学研究功能 　　　　　　　　D. 社交功能

3. 下面正确阐述职业道德与人生事业的关系的选项是（D）。

A. 没有职业道德的人，任何时刻都不会获得成功

B. 具有较高的职业道德的人，任何时刻都会获得成功

C. 事业成功的人往往并不需要较高的职业道德

D. 职业道德是获得人生事业成功的重要条件

4. 有关文明生产的说法，（C）是正确的。

A. 为了及时下班，可以直接拉断电源总开关

B. 下班时没有必要搞好工作现场的卫生

C. 工具使用后应按规定放置到工具箱中

D. 电工工具不全时，可以冒险带电作业

5. （D）反映导体对电流起阻碍作用的大小。

A. 电动势 　　　B. 功率 　　　　C. 电阻率 　　　　D. 电阻

6. 支路电流法是以支路电流为变量列写节点电流方程及（A）方程。

A. 回路电压 　　　　　　　　　　B. 电路功率

C. 电路电流 　　　　　　　　　　D. 回路电位

7. 正弦量有效值与最大值之间的关系，正确的是（A）。

A. $E = E_m / 1.414$ 　　B. $U = U_m / 2$ 　　C. $I_{av} = 2/\pi \times E_m$ 　　D. $E_{av} = E_m / 2$

8. 串联正弦交流电路的视在功率表征了该电路的（A）。

A. 电路中总电压有效值与电流有效值的乘积

B. 平均功率

C. 瞬时功率最大值

D. 无功功率

9. 按照功率表的工作原理，所测得的数据是被测电路中的（A）。

　　A. 有功功率　　　　B. 无功功率　　　　C. 视在功率　　　　D. 瞬时功率

10. 三相发电机绕组接成三相四线制，测得三个相电压 $U_U = U_V = U_W = 220V$，三个线电压 $U_{UV} = 380V$，$U_{VW} = U_{WU} = 220V$，这说明（C）。

　　A. U 相绕组接反了　　　　　　　　　　B. V 相绕组接反了

　　C. W 相绕组接反了　　　　　　　　　　D. 中性线断开了

11. 将变压器的一次侧绕组接交流电源，二次侧绕组（B），这种运行方式称为变压器空载运行。

　　A. 短路　　　　　B. 开路　　　　　C. 接负载　　　　　D. 通路

12. 变压器的基本作用是在交流电路中变电压、变电流、变阻抗、（B）和电气隔离。

　　A. 变磁通　　　　B. 变相位　　　　C. 变功率　　　　D. 变频率

13. 变压器的铁心可以分为（B）和芯式两大类。

　　A. 同心式　　　　B. 交叠式　　　　C. 壳式　　　　D. 笼式

14. 行程开关的文字符号是（B）。

　　A. QS　　　　　B. SQ　　　　　C. SA　　　　　D. KM

15. 三相异步电动机的起停控制线路中需要有（A）、过载保护和失电压保护功能。

　　A. 短路保护　　　B. 超速保护　　　C. 失磁保护　　　D. 零速保护

16. 用万用表检测某二极管时，发现其正、反电阻均约等于 1kΩ，说明该二极管（C）。

　　A. 已经击穿　　　B. 完好状态　　　C. 内部老化不通　　　D. 无法判断

17. 多级放大电路总放大倍数是各级放大倍数的（C）。

　　A. 和　　　　　B. 差　　　　　C. 积　　　　　D. 商

18. 基极电流 $i_B$ 的数值较大时，易引起静态工作点 Q 接近（B）。

　　A. 截止区　　　B. 饱和区　　　C. 死区　　　D. 交越失真

19. 串励直流电动机起动时，不能（C）起动。

　　A. 串电阻　　　B. 降低电枢电压　　　C. 空载　　　D. 有载

20. 单相桥式整流电路的变压器二次侧电压为 20V，每个整流二极管所承受的最大反向电 压为（B）。

　　A. 20V　　　　B. 28V　　　　C. 40V　　　　D. 56V

21. 测量电压时应将电压表（B）电路。

　　A. 串联接入　　　　　　　　　　　　B. 并联接入

　　C. 并联接入或串联接入　　　　　　　D. 混联接入

22. 拧螺钉时应该选用（A）。

　　A. 规格一致的螺丝刀　　　　　　　　B. 规格大一号的螺丝刀，省力气

　　C. 规格小一号的螺丝刀，效率高　　　D. 全金属的螺丝刀，防触电

23. 钢丝钳（电工钳子）一般用在（D）操作的场合。

　　A. 低温　　　　B. 高温　　　　C. 带电　　　　D. 不带电

24. 导线截面的选择通常是由（C）、机械强度、电流密度、电压损失和安全载流量等因素决定的。

A. 磁通密度　　　　B. 绝缘强度　　　　C. 发热条件　　　　D. 电压高低

25. 如果人体直接接触带电设备及线路的一相时，电流通过人体而发生的触电现象称为（A）。

A. 单相触电　　　　B. 两相触电　　　　C. 接触电压触电　　D. 跨步电压触电

26. 电缆或电线的驳口或破损处要用（C）包好，不能用透明胶布代替。

A. 牛皮纸　　　　　B. 尼龙纸　　　　　C. 电工胶布　　　　D. 医用胶布

27. 噪声可分为气体动力噪声，机械噪声和（D）。

A. 电力噪声　　　　B. 水噪声　　　　　C. 电气噪声　　　　D. 电磁噪声

28. 2.0 级准确度的直流单臂电桥表示测量电阻的误差不超过（B）。

A. $\pm 0.2\%$　　　　B. $\pm 2\%$　　　　C. $\pm 20\%$　　　　D. $\pm 0.02\%$

29. 信号发生器输出 CMOS 电平为（A）V。

A. 3～15　　　　　B. 3　　　　　　　C. 5　　　　　　　D. 15

30. 低频信号发生器的输出有（B）输出。

A. 电压、电流　　　B. 电压、功率　　　C. 电流、功率　　　D. 电压、电阻

31. 晶体管毫伏表最小量程一般为（B）。

A. 10mV　　　　　B. 1mV　　　　　　C. 1V　　　　　　D. 0.1V

32. 一般三端集成稳压电路工作时，要求输入电压比输出电压至少高（A）V。

A. 2　　　　　　　B. 3　　　　　　　C. 4　　　　　　　D. 1.5

33. 普通晶闸管边上 P 层的引出极是（D）。

A. 漏极　　　　　　B. 阴极　　　　　　C. 门极　　　　　　D. 阳极

34. 普通晶闸管的额定电流是以工频（C）电流的平均值来表示的。

A. 三角波　　　　　B. 方波　　　　　　C. 正弦半波　　　　D. 正弦全波

35. 单结晶体管的结构中有（B）个基极。

A. 1　　　　　　　B. 2　　　　　　　C. 3　　　　　　　D. 4

36. 集成运放输入电路通常由（D）构成。

A. 共射放大电路　　　　　　　　　　B. 共集电极放大电路
C. 共基极放大电路　　　　　　　　　D. 差动放大电路

37. 固定偏置共射极放大电路，已知 $R_B=300\text{k}\Omega$，$R_C=4\text{k}\Omega$，$V_{CC}=12\text{V}$，$\beta=50$，则 $U_{CEQ}$ 为（B）V。

A. 6　　　　　　　B. 4　　　　　　　C. 3　　　　　　　D. 8

38. 分压式偏置共射放大电路，当温度升高时，其静态值 IBQ 会（B）。

A. 增大　　　　　　B. 变小　　　　　　C. 不变　　　　　　D. 无法确定

39. 固定偏置共射放大电路出现截止失真，是（B）。

A. $R_B$ 偏小　　　　B. $R_B$ 偏大　　　C. $R_C$ 偏小　　　D. $R_C$ 偏大

40. 多级放大电路之间，常用共集电极放大电路，是利用其（C）特性。

A. 输入电阻大、输出电阻大　　　　　B. 输入电阻小、输出电阻大
C. 输入电阻大、输出电阻小　　　　　D. 输入电阻小、输出电阻小

41. 输入电阻最小的放大电路是（C）。

A. 共射极放大电路　　　　　　　　　B. 共集电极放大电路

C. 共基极放大电路　　　　　　　　　D. 差动放大电路

42. 要稳定输出电流，增大电路输入电阻应选用（C）负反馈。

A. 电压串联　　　　B. 电压并联　　　　C. 电流串联　　　　D. 电流并联

43. 差动放大电路能放大（D）。

A. 直流信号　　　　B. 交流信号　　　　C. 共模信号　　　　D. 差模信号

44. 下列不是集成运放的非线性应用的是（C）。

A. 过零比较器　　　B. 滞回比较器　　　C. 积分应用　　　　D. 比较器

45. 单片集成功率放大器件的功率通常在（B）W 左右。

A. 10　　　　　　　B. 1　　　　　　　C. 5　　　　　　　D. 8

46. RC 选频振荡电路，当电路发生谐振时，选频电路的幅值为（D）。

A. 2　　　　　　　B. 1　　　　　　　C. 1/2　　　　　　D. 1/3

47. LC 选频振荡电路，当电路频率高于谐振频率时，电路性质为（C）。

A. 电阻性　　　　　B. 感性　　　　　　C. 容性　　　　　　D. 纯电容性

48. 串联型稳压电路的调整管接成（B）电路形式。

A. 共基极　　　　　B. 共集电极　　　　C. 共射极　　　　　D. 分压式共射极

49. CW7806 的输出电压、最大输出电流为（A）V。

A. 6V、1.5A　　　B. 6V、1A　　　　C. 6V、0.5A　　　D. 6V、0.1A

50. 下列逻辑门电路需要外接上拉电阻才能正常工作的是（D）。

A. 与非门　　　　　B. 或非门　　　　　C. 与或非门　　　　D. OC 门

51. 单相半波可控整流电路中晶闸管所承受的最高电压是（A）。

A. $1.414U_2$　　　B. $0.707U_2$　　　C. $U_2$　　　　　　D. $2U_2$

52. 单相桥式可控整流电路电感性负载带续流二极管时，晶闸管的导通角为（A）。

A. $180°-\alpha$　　　B. $90°-\alpha$　　　C. $90°+\alpha$　　　D. $180°+\alpha$

53. 单相桥式可控整流电路电阻性负载，晶闸管中的电流平均值是负载的（A）倍。

A. 0.5　　　　　　B. 1　　　　　　　C. 2　　　　　　　D. 0.25

54. （D）触发电路输出尖脉冲。

A. 交流变频　　　　B. 脉冲变压器　　　C. 集成　　　　　　D. 单结晶体管

55. 晶闸管电路中串入快速熔断器的目的是（B）。

A. 过电压保护　　　B. 过电流保护　　　C. 过热保护　　　　D. 过冷保护

56. 晶闸管两端（B）的目的是防止电压尖峰。

A. 串联小电容　　　B. 并联小电容　　　C. 并联小电感　　　D. 串联小电感

57. 对于电动机负载，熔断器熔体的额定电流应选电动机额定电流的（B）倍。

A. 1～1.5　　　　　B. 1.5～2.5　　　　C. 2.0～3.0　　　　D. 2.5～3.5

58. 交流接触器一般用于控制（D）的负载。

A. 弱电　　　　　　B. 无线电　　　　　C. 直流电　　　　　D. 交流电

59. 对于（C）工作制的异步电动机，热继电器不能实现可靠的过载保护。

A. 轻载　　　　　　B. 半载　　　　　　C. 重复短时　　　　D. 连续

60. 中间继电器的选用依据是控制电路的（A）、电流类型、所需触点的数量和容量等。

A. 电压等级　　　　B. 阻抗大小　　　　C. 短路电流　　　　D. 绝缘等级

61. 根据机械与行程开关传力和位移关系选择合适的（D）。

A. 电流类型　　　　B. 电压等级　　　　C. 接线型式　　　　D. 头部型式

62. 用于指示电动机正处在旋转状态的指示灯颜色应选用（D）。

A. 紫色　　　　　　B. 蓝色　　　　　　C. 红色　　　　　　D. 绿色

63. 对于环境温度变化大的场合，不宜选用（A）时间继电器。

A. 晶体管式　　　　B. 电动式　　　　　C. 液压式　　　　　D. 手动式

64. 压力继电器选用时首先要考虑所测对象的压力范围，还要符合电路中的额定电压、(D)、所测管路接口管径的大小。

A. 触点的功率因数　　　　　　　　　　B. 触点的电阻率

C. 触点的绝缘等级　　　　　　　　　　D. 触点的电流容量

65. 直流电动机结构复杂、价格贵、制造麻烦、维护困难，但是起动性能好、(A)。

A. 调速范围大　　B. 调速范围小　　C. 调速力矩大　　D. 调速力矩小

66. 直流电动机的转子由电枢铁心、电枢绕组、(D)、转轴等组成。

A. 接线盒　　　　　B. 换向极　　　　　C. 主磁极　　　　　D. 换向器

67. 并励直流电动机的励磁绕组与（A）并联。

A. 电枢绕组　　　　B. 换向绕组　　　　C. 补偿绕组　　　　D. 稳定绕组

68. 直流电动机常用的起动方法有：(C)、降压起动等。

A. 弱磁起动　　B. Y-△起动　　C. 电枢串电阻起动　　D. 变频起动

69. 直流电动机降低电枢电压调速时，属于（A）调速方式。

A. 恒转矩　　　　　B. 恒功率　　　　　C. 通风机　　　　　D. 泵类

70. 直流电动机的各种制动方法中，能向电源反送电能的方法是（D）。

A. 反接制动　　　　B. 抱闸制动　　　　C. 能耗制动　　　　D. 回馈制动

71. 直流他励电动机需要反转时，一般将（B）两头反接。

A. 励磁绕组　　　　B. 电枢绕组　　　　C. 补偿绕组　　　　D. 换向绕组

72. 下列故障原因中（B）会造成直流电动机不能起动。

A. 电源电压过高　　　　　　　　　　　B. 电源电压过低

C. 电刷架位置不对　　　　　　　　　　D. 励磁回路电阻过大

73. 绕线式异步电动机转子串电阻起动时，起动电流减小，起动转矩增大的原因是(A)。

A. 转子电路的有功电流变大　　　　　　B. 转子电路的无功电流变大

C. 转子电路的转差率变大　　　　　　　D. 转子电路的转差率变小

74. 绕线式异步电动机转子串频敏变阻器起动与串电阻分级起动相比，控制线路(A)。

A. 比较简单　　　B. 比较复杂　　　C. 只能手动控制　　D. 只能自动控制

75. 以下属于多台电动机顺序控制的线路是（D）。

A. 一台电动机正转时不能立即反转的控制线路

B. Y-△起动控制线路

C. 电梯先上升后下降的控制线路

D. 电动机 2 可以单独停止，电动机 1 停止时电动机 2 也停止的控制线路

76. 多台电动机的顺序控制线路（A）。

A. 既包括顺序起动，又包括顺序停止　　　B. 不包括顺序停止

C. 不包括顺序起动　　　D. 通过自锁环节来实现

77. 位置控制就是利用生产机械运动部件上的挡铁与（B）碰撞来控制电动机的工作状态。

A. 断路器　　　B. 位置开关　　　C. 按钮　　　D. 接触器

78. 下列不属于位置控制线路的是（A）。

A. 走廊照明灯的两处控制电路　　　B. 龙门刨床的自动往返控制电路

C. 电梯的开关门电路　　　D. 工厂车间里行车的终点保护电路

79. 三相异步电动机能耗制动时，机械能转换为电能并消耗在（D）回路的电阻上。

A. 励磁　　　B. 控制　　　C. 定子　　　D. 转子

80. 三相异步电动机能耗制动的控制线路至少需要（A）个按钮。

A. 2　　　B. 1　　　C. 4　　　D. 3

81. 三相异步电动机的各种电气制动方法中，能量损耗最多的是（A）。

A. 反接制动　　　B. 能耗制动　　　C. 回馈制动　　　D. 再生制动

82. 三相异步电动机倒拉反接制动时需要（A）。

A. 转子串入较大的电阻　　　B. 改变电源的相序

C. 定子通入直流电　　　D. 改变转子的相序

83. 三相异步电动机再生制动时，将机械能转换为电能，回馈到（D）。

A. 负载　　　B. 转子绕组　　　C. 定子绕组　　　D. 电网

84. 同步电动机采用异步起动法起动时，转子励磁绕组应该（B）。

A. 接到规定的直流电源　　　B. 串入一定的电阻后短接

C. 开路　　　D. 短路

85. M7130 平面磨床的主电路中有（A）电动机。

A. 三台　　　B. 两台　　　C. 一台　　　D. 四台

86. M7130 平面磨床控制电路中串接着转换开关 QS2 的动合触点和（A）。

A. 欠电流继电器 KUC 的动合触点　　　B. 欠电流继电器 KUC 的动断触点

C. 过电流继电器 KUC 的动合触点　　　D. 过电流继电器 KUC 的动断触点

87. M7130 平面磨床控制线路中导线截面最粗的是（B）。

A. 连接砂轮电动机 M1 的导线　　　B. 连接电源开关 QS1 的导线

C. 连接电磁吸盘 YH 的导线　　　D. 连接转换开关 QS2 的导线

88. M7130 平面磨床中，砂轮电动机和液压泵电动机都采用了（A）正转控制电路。

A. 接触器自锁　　　B. 按钮互锁　　　C. 接触器互锁　　　D. 时间继电器

89. C6150 车床控制电路中有（C）普通按钮。

A. 2 个　　　B. 3 个　　　C. 4 个　　　D. 5 个

90. C6150 车床控制线路中变压器安装在配电板的（D）。

A. 左方　　　B. 右方　　　C. 上方　　　D. 下方

91. C6150 车床主轴电动机反转、电磁离合器 YC1 得电时，主轴的转向为（A）。

A. 正转 B. 反转 C. 高速 D. 低速

92. C6150 车床（D）的正反转控制线路具有中间继电器互锁功能。

A. 冷却液电动机 B. 主轴电动机 C. 快速移动电动机 D. 主轴

93. C6150 车床其他正常，而主轴无制动时，应重点检修（D）。

A. 电源进线开关 B. 接触器 KM1 和 KM2 的动断触点

C. 控制变压器 TC D. 中间继电器 KA1 和 KA2 的动断触点

94. Z3040 摇臂钻床主电路中有 4 台电动机，用了（B）个接触器。

A. 6 B. 5 C. 4 D. 3

95. Z3040 摇臂钻床的冷却泵电动机由（D）控制。

A. 接插器 B. 接触器 C. 按钮点动 D. 手动开关

96. Z3040 摇臂钻床中的控制变压器比较重，所以应该安装在配电板的（A）。

A. 下方 B. 上方 C. 右方 D. 左方

97. Z3040 摇臂钻床中的局部照明灯由控制变压器供给（D）安全电压。

A. 交流 6V B. 交流 10V C. 交流 30V D. 交流 24V

98. Z3040 摇臂钻床中利用（B）实现升降电动机断开电源完全停止后才开始夹紧的连锁。

A. 压力继电器 B. 时间继电器 C. 行程开关 D. 控制按钮

99. Z3040 摇臂钻床中摇臂不能升降的原因是摇臂松开后 KM2 回路不通，应（A）。

A. 调整行程开关 SQ2 位置 B. 重接电源相序

C. 更换液压泵 D. 调整速度继电器位置

100. 光电开关的接收器部分包含（D）。

A. 定时器 B. 调制器 C. 发光二极管 D. 光电三极管

101. 光电开关的接收器根据所接收到的（B）对目标物体实现探测，产生开关信号。

A. 压力大小 B. 光线强弱 C. 电流大小 D. 频率高低

102. 光电开关可以（C）、无损伤地迅速检测和控制各种固体、液体、透明体、黑体、柔软体、烟雾等物质的状态。

A. 高亮度 B. 小电流 C. 非接触 D. 电磁感应

103. 当检测高速运动的物体时，应优先选用（B）光电开关。

A. 光纤式 B. 槽式 C. 对射式 D. 漫反射式

104. 高频振荡电感型接近开关的感应头附近有金属物体接近时，接近开关（C）。

A. 涡流损耗减少 B. 振荡电路工作 C. 有信号输出 D. 无信号输出

105. 接近开关的图形符号中，其动合触点部分与（B）的符号相同。

A. 断路器 B. 一般开关 C. 热继电器 D. 时间继电器

106. 当检测体为非金属材料时，应选用（D）接近开关。

A. 高频振荡型 B. 电容型 C. 电阻型 D. 阻抗型

107. 选用接近开关时应注意对工作电压、负载电流、响应频率、（A）等各项指标的要求。

A. 检测距离 B. 检测功率 C. 检测电流 D. 工作速度

108. 磁性开关中的干簧管是利用（A）来控制的一种开关元件。

A. 磁场信号      B. 压力信号      C. 温度信号      D. 电流信号

109. 磁性开关的图形符号中，其动合触点部分与（B）的符号相同。

A. 断路器      B. 一般开关      C. 热继电器      D. 时间继电器

110. 磁性开关用于（D）场所时应选金属材质的器件。

A. 化工企业      B. 真空低压      C. 强酸强碱      D. 高温高压

111. 磁性开关在使用时要注意磁铁与（A）之间的有效距离在 10mm 左右。

A. 干簧管      B. 磁铁      C. 触点      D. 外壳

112. 增量式光电编码器主要由（D）、码盘、检测光栅、光电检测器件和转换电路组成。

A. 光电三极管      B. 运算放大器      C. 脉冲发生器      D. 光源

113. 增量式光电编码器每产生一个（A）就对应于一个增量位移。

A. 输出脉冲信号      B. 输出电流信号      C. 输出电压信号      D. 输出光脉冲

114. 可以根据增量式光电编码器单位时间内的脉冲数量测出（D）。

A. 相对位置      B. 绝对位置      C. 轴加速度      D. 旋转速度

115. 增量式光电编码器根据信号传输距离选型时要考虑（A）。

A. 输出信号类型      B. 电源频率      C. 环境温度      D. 空间高度

116. 增量式光电编码器配线延长时，应在（D）以下。

A. 1km      B. 100m      C. 1m      D. 10m

117. 可编程序控制器采用了一系列可靠性设计，如（C）、掉电保护、故障诊断和信息保护及恢复等。

A. 简单设计      B. 简化设计      C. 冗余设计      D. 功能设计

118. 可编程序控制器采用大规模集成电路构成的（B）和存储器来组成逻辑部分。

A. 运算器      B. 微处理器      C. 控制器      D. 累加器

119. 可编程序控制器系统由（A）、扩展单元、编程器、用户程序、程序存入器等组成。

A. 基本单元      B. 键盘      C. 鼠标      D. 外围设备

120. FX2N 系列可编程序控制器定时器用（C）表示。

A. X      B. Y      C. T      D. C

121. 可编程序控制器由（A）组成。

A. 输入部分、逻辑部分和输出部分      B. 输入部分和逻辑部分

C. 输入部分和输出部分      D. 逻辑部分和输出部分

122. FX2N 系列可编程序控制器梯形图规定串联和并联的触点数是（B）。

A. 有限的      B. 无限的      C. 最多 4 个      D. 最多 7 个

123. FX2N 系列可编程序控制器输入隔离采用的形式是（C）。

A. 变压器      B. 电容器      C. 光电耦合器      D. 发光二极管

124. 可编程序控制器（A）中存放的随机数据掉电即丢失。

A. RAM      B. DVD      C. EPROM      D. CD

125. PLC（C）阶段根据读入的输入信号状态，解读用户程序逻辑，按用户逻辑得到正确的输出。

A. 输出采样　　　　B. 输入采样　　　　C. 程序执行　　　　D. 输出刷新

126. 继电器接触器控制电路中的时间继电器，在 PLC 控制中可以用（A）替代。

A. T　　　　　　　B. C　　　　　　　C. S　　　　　　　D. M

127. FX2N 可编程序控制器 DC 输入型，可以直接接入（C）信号。

A. AC 24V　　　　B. 4～20mA 电流　　C. DC 24V　　　　D. DC 0～5V 电压

128. FX2N-20MT 可编程序控制器表示（C）类型。

A. 继电器输出　　　B. 晶闸管输出　　　C. 晶体管输出　　　D. 单结晶体管输出

129. 可编程序控制器在输入端使用了（D）来提高系统的抗干扰能力。

A. 继电器　　　　　B. 晶闸管　　　　　C. 晶体管　　　　　D. 光电耦合器

130. FX2N 系列可编程序控制器并联动断触点用（D）指令。

A. LD　　　　　　B. LDI　　　　　　C. OR　　　　　　D. ORI

131. PLC 的辅助继电器、定时器、计数器、输入和输出继电器的触点可使用（D）次。

A. 一　　　　　　　B. 二　　　　　　　C. 三　　　　　　　D. 无限

132. PLC 控制程序，由（C）部分构成。

A. 一　　　　　　　B. 二　　　　　　　C. 三　　　　　　　D. 无限

133. （B）是可编程序控制器使用较广的编程方式。

A. 功能表图　　　　B. 梯形图　　　　　C. 位置图　　　　　D. 逻辑图

134. 在 FX2N PLC 中，T200 的定时精度为（B）。

A. 1ms　　　　　　B. 10ms　　　　　　C. 100ms　　　　　D. 1s

135. 对于复杂的 PLC 梯形图设计时，一般采用（B）。

A. 经验法　　　　　B. 顺序控制设计法　C. 子程序　　　　　D. 中断程序

136. 三菱 GX Developer PLC 编程软件可以对（D）PLC 进行编程。

A. A 系列　　　　　B. Q 系列　　　　　C. FX 系列　　　　D. 以上都可以

137. 对于晶体管输出型可编程序控制器其所带负载只能是额定（B）电源供电。

A. 交流　　　　　　B. 直流　　　　　　C. 交流或直流　　　D. 高压直流

138. 可编程序控制器的接地线截面一般大于（C）。

A. 1mm$^2$　　　　　B. 1.5mm$^2$　　　　C. 2mm$^2$　　　　　D. 2.5mm$^2$

139. PLC 外部环境检查时，当湿度过大时应考虑装（C）。

A. 风扇　　　　　　B. 加热器　　　　　C. 空调　　　　　　D. 除尘器

140. 根据电动机正反转梯形图，下列指令正确的是（B）。

A. ORI Y001　　　B. LD X000　　　　C. AND X001　　　D. AND X002

141. 根据电动机自动往返梯形图，下列指令正确的是（D）。

A. LDI X002　　　B. ORI Y002　　　　C. AND Y001　　　D. ANDI X003

142. 对于晶体管输出型 PLC，要注意负载电源为（D），并且不能超过额定值。

A. AC 380V　　　B. AC 220V　　　　C. DC 220V　　　D. DC 24V

143. 用于（A）变频调速的控制装置统称为"变频器"。

A. 感应电动机　　　B. 同步发电机　　　C. 交流伺服电动机　D. 直流电动机

144. 交—交变频装置输出频率受限制，最高频率不超过电网频率的（A），所以通常只适用于低速大功率拖动系统。

A. 1/2          B. 3/4          C. 1/5          D. 2/3

145. FR－A700 系列是三菱（A）变频器。

A. 多功能高性能          B. 经济型高性能

C. 水泵和风机专用型          D. 节能型轻负载

146. 基本频率是变频器对电动机进行恒功率控制和恒转矩控制的分界线，应按（A）设定。

A. 电动机额定电压时允许的最小频率          B. 上限工作频率

C. 电动机的允许最高频率          D. 电动机的额定电压时允许的最高频率

147. 西门子 MM440 变频器可外接开关量，输入端⑤～⑧端作多段速给定端，可预置（A）个不同的给定频率值。

A. 15          B. 16          C. 4          D. 8

148. 变频器在基频以下调速时，调频时须同时调节（A），以保持电磁转矩基本不变。

A. 定子电源电压          B. 定子电源电流          C. 转子阻抗          D. 转子电流

149. 在变频器的输出侧切勿安装（A）。

A. 移相电容          B. 交流电抗器          C. 噪声滤波器          D. 测试仪表

150. 变频器中的直流制动是克服低速爬行现象而设置的，拖动负载惯性越大，（A）设定值越高。

A. 直流制动电压          B. 直流制动时间          C. 直流制动电流          D. 制动起始频率

151. 西门子 MM420 变频器的主电路电源端子（C）需经交流接触器和保护用断路器与三相电源连接。但不宜采用主电路的通、断进行变频器的运行与停止操作。

A. X、Y、Z          B. U、V、W          C. L1、L2、L3          D. A、B、C

152. 变频器有时出现轻载时过电流保护，原因可能是（D）。

A. 变频器选配不当          B. U/f 比值过小          C. 变频器电路故障          D. $U/f$ 比值过大

153. 交流笼型异步电动机的起动方式有：星三角起动、自耦减压起动、定子串电阻起动和软起动等。从起动性能上讲，最好的是（D）。

A. 星三角起动          B. 自耦减压起动          C. 串电阻起动          D. 软起动

154. 可用于标准电路和内三角电路的西门子软起动器型号是（D）。

A. 3RW30          B. 3RW31          C. 3RW22          D. 3RW34

155. 变频起动方式比软起动器的起动转矩（A）。

A. 大          B. 小          C. 一样          D. 小很多

156. 软启动器可用于频繁或不频繁起动，建议每小时不超过（A）。

A. 20 次          B. 5 次          C. 100 次          D. 10 次

157. 水泵停车时，软起动器应采用（B）。

A. 自由停车          B. 软停车          C. 能耗制动停车          D. 反接制动停车

158. 内三角接法软起动器只需承担（A）的电动机线电流。

A. 1/3          B. $1/\sqrt{3}$          C. 3          D. $\sqrt{3}$

159. 软起动器的（A）功能用于防止离心泵停车时的"水锤效应"。

A. 软停机　　　　B. 非线性软制动　　C. 自由停机　　　D. 直流制动

160. 接通主电源后，软起动器虽处于待机状态，但电动机有"嗡嗡"响。此故障不可能的原因是（C）。

A. 晶闸管短路故障　　　　　　　B. 旁路接触器有触点粘连

C. 触发电路不工作　　　　　　　D. 起动线路接线错误

**二、判断题**（第161题～第200题。将判断结果填入括号中。正确的填"√"，错误的填"×"。每题0.5分，满分20分。）

161.（×）在职业活动中一贯地诚实守信会损害企业的利益。

162.（×）办事公道是指从业人员在进行职业活动时要做到助人为乐，有求必应。

163.（×）市场经济时代，勤劳是需要的，而节俭则不宜提倡。

164.（×）爱岗敬业作为职业道德的内在要求，指的是员工只需要热爱自己特别喜欢的工作岗位。

165.（√）职业活动中，每位员工都必须严格执行安全操作规程。

166.（√）在日常工作中，要关心和帮助新职工、老职工。

167.（×）线性电阻与所加电压成正比、与流过电流成反比。

168.（√）二极管由一个 PN 结、两个引脚、封装组成。

169.（×）一般万用表可以测量直流电压、交流电压、直流电流、电阻、功率等物理量。

170.（√）磁性材料主要分为硬磁材料与软磁材料两大类。

171.（√）雷击的主要对象是建筑物。

172.（×）劳动者的基本权利中遵守劳动纪律是最主要的权利。

173.（√）中华人民共和国电力法规定电力事业投资，实行谁投资、谁收益的原则。

174.（√）直流双臂电桥用于测量准确度高的小阻值电阻。

175.（×）直流双臂电桥的测量范围为 0.01～11Ω。

176.（√）直流单臂电桥有一个比率而直流双臂电桥有两个比率。

177.（×）示波管的偏转系统由一个水平及垂直偏转板组成。

178.（√）示波器的带宽是测量交流信号时，示波器所能测试的最大频率。

179.（√）晶体管特性图示仪可以从示波管的荧光屏上自动显示同一半导体管子的4种 $h$ 参数。

180.（√）三端集成稳压电路有三个接线端，分别是输入端、接地端和输出端。

181.（×）晶闸管型号 KS20‐8 表示三相晶闸管。

182.（√）双向晶闸管一般用于交流调压电路。

183.（×）单结晶体管有三个电极，符号与三极管一样。

184.（√）集成运放不仅能应用于普通的运算电路，还能用于其他场合。

185.（×）短路电流很大的场合宜选用直流快速断路器。

186.（√）控制变压器与普通变压器的工作原理相同。

187.（√）M7130 平面磨床中，冷却泵电动机 M2 必须在砂轮电动机 M1 运行后才能起动。

188.（√）M7130 平面磨床的三台电动机都不能起动的大多原因是欠电流继电器

KUC 和转换开关 QS2 的触点接触不良、接线松脱，使电动机的控制电路处于失电状态。

189.（√）C6150 车床的主电路中有 4 台电动机。

190.（×）C6150 车床主电路中接触器 KM1 触点接触不良将造成主轴电动机不能反转。

191.（×）Z3040 摇臂钻床中行程开关 SQ2 安装位置不当或发生移动时会造成摇臂夹不紧。

192.（×）光电开关的抗光、电、磁干扰能力强，使用时可以不考虑环境条件。

193.（×）电磁感应式接近开关由感应头、振荡器、继电器等组成。

194.（×）磁性开关由电磁铁和继电器构成。

195.（√）可编程序控制器运行时，一个扫描周期主要包括三个阶段。

196.（×）高速脉冲输出不属于可编程序控制器的技术参数。

197.（√）用计算机对 PLC 进行程序下载时，需要使用配套的通信电缆。

198.（×）FX 编程器在使用双功能键时键盘中都有多个选择键。

199.（×）通用变频器主电路的中间直流环节所使用的大电容或大电感是电源与异步电动机之间交换有功功率所必需的储能缓冲元件。

200.（×）软起动器主要由带电压闭环控制的晶闸管交流调压电路组成。

## 维修电工中级理论知识试卷（第三套）

**注意事项：**

1. 本试卷依据 2009 年颁布的《维修电工》国家职业标准命制，考试时间 120 分钟。

2. 请在试卷标封处填写姓名、准考证号和所在单位的名称。

3. 请仔细阅读答题要求，在规定位置填写答案。

**一、单项选择题**（第 1 题～第 160 题。选择一个正确的答案，将相应的字母填入题内的括号中。每题 0.5 分，满分 80 分。）

1. 软起动器中晶闸管调压电路采用（A）时，主电路中电流谐波最小。

A. 三相全控丫连接            B. 三相全控丫₀连接

C. 三相半控丫连接            D. 丫-△连接

2. 变压器的铁心应该选用（D）。

A. 永久磁铁     B. 永磁材料     C. 硬磁材料     D. 软磁材料

3. 变频器的干扰有：电源干扰、地线干扰、串扰、公共阻抗干扰等。尽量缩短电源线和地线是竭力避免（D）。

A. 电源干扰     B. 地线干扰     C. 串扰     D. 公共阻抗干扰

4. 如果人体直接接触带电设备及线路的一相时，电流通过人体而发生的触电现象称为（A）。

A. 单相触电     B. 两相触电     C. 接触电压触电     D. 跨步电压触电

5. 劳动者的基本义务包括（A）等。

A. 遵守劳动纪律     B. 获得劳动报酬     C. 休息     D. 休假

6. 有关文明生产的说法，（A）是不正确的。

A. 为了及时下班，可以直接拉断电源总开关

B. 下班前搞好工作现场的环境卫生

C. 工具使用后应按规定放置到工具箱中

D. 电工一般不允许冒险带电作业

7. 扳手的手柄长度越短，使用起来越（D）。

A. 麻烦     B. 轻松     C. 省力     D. 费力

8. 光电开关的配线不能与（C）放在同一配线管或线槽内。

A. 光纤线     B. 网络线     C. 动力线     D. 电话线

9. 集成运放通常有（B）部分组成。

A. 3       B. 4       C. 5       D. 6

10. 绕线式异步电动机转子串频敏变阻器起动时，随着转速的升高，（D）自动减小。

A. 频敏变阻器的等效电压       B. 频敏变阻器的等效电流

C. 频敏变阻器的等效功率       D. 频敏变阻器的等效阻抗

11. M7130 平面磨床中，砂轮电动机的热继电器经常动作，轴承正常，砂轮进给量正

常，则需要检查和调整（C）。

  A. 照明变压器   B. 整流变压器   C. 热继电器   D. 液压泵电动机

12. FX2N 系列可编程序控制器动合触点的串联用（A）指令。

  A. AND     B. ANI     C. ANB     D. ORB

13. Z3040 摇臂钻床中摇臂不能升降的原因是摇臂松开后 KM2 回路不通时，应（A）。

  A. 调整行程开关 SQ2 位置     B. 重接电源相序

  C. 更换液压泵        D. 调整速度继电器位置

14. 直流电动机结构复杂、价格贵、制造麻烦、维护困难，但是起动性能好、（A）。

  A. 调速范围大       B. 调速范围小

  C. 调速力矩大       D. 调速力矩小

15. 根据仪表取得读数的方法可分为（D）。

  A. 指针式    B. 数字式    C. 记录式    D. 以上都是

16. 根据仪表测量对象的名称分为（A）等。

  A. 电压表、电流表、功率表、电度表  B. 电压表、绝缘电阻表、示波器

  C. 电流表、电压表、信号发生器   D. 功率表、电流表、示波器

17. 下列不是晶体管毫伏表的特性是（B）。

  A. 测量量限大  B. 灵敏度低  C. 输入阻抗高  D. 输出电容小

18. 电工仪表按工作原理分为（D）等。

  A. 磁电系    B. 电磁系    C. 电动系    D. 以上都是

19. 示波器中的（B）经过偏转板时产生偏移。

  A. 电荷     B. 高速电子束   C. 电压     D. 电流

20. 导线截面的选择通常是由发热条件、机械强度、（A）、电压损失和安全载流量等因素决定的。

  A. 电流密度   B. 绝缘强度   C. 磁通密度   D. 电压高低

21. 当锉刀拉回时，应（B），以免磨钝锉齿或划伤工件表面。

  A. 轻轻划过   B. 稍微抬起   C. 抬起    D. 拖回

22. 控制两台电动机错时停止的场合，可采用（B）时间继电器。

  A. 通电延时型  B. 断电延时型  C. 气动型   D. 液压型

23. 点接触型二极管可工作于（A）电路。

  A. 高频     B. 低频     C. 中频     D. 全频

24. 爱岗敬业的具体要求是（C）。

  A. 看效益决定是否爱岗    B. 转变择业观念

  C. 提高职业技能      D. 增强把握择业的机遇意识

25. 台钻钻夹头用来装夹直径（D）以下的钻头。

  A. 10mm    B. 11mm    C. 12mm    D. 13mm

26. 直流单臂电桥测量几欧姆电阻时，比率应选为（A）。

  A. 0.001    B. 0.01     C. 0.1     D. 1

27. 以下属于多台电动机顺序控制的线路是（D）。

A. 一台电动机正转时不能立即反转的控制线路

B. Y-△起动控制线路

C. 电梯先上升后下降的控制线路

D. 电动机 2 可以单独停止，电动机 1 停止时电动机 2 也停止的控制线路

28. 可编程序控制器在 STOP 模式下，执行（D）。

A. 输出采样　　　　B. 输入采样　　　　C. 输出刷新　　　　D. 以上都执行

29. 接触器的额定电压应不小于主电路的（B）。

A. 短路电压　　　　B. 工作电压　　　　C. 最大电压　　　　D. 峰值电压

30. 磁场内各点的磁感应强度大小相等、方向相同，则称为（A）。

A. 均匀磁场　　　　B. 匀速磁场　　　　C. 恒定磁场　　　　D. 交变磁场

31. 可编程序控制器采用大规模集成电路构成的微处理器和（C）来组成逻辑部分。

A. 运算器　　　　　B. 控制器　　　　　C. 存储器　　　　　D. 累加器

32. 电容器上标注的符号 $2\mu2$，表示该电容数值为（B）。

A. $0.2\mu$　　　　　B. $2.2\mu$　　　　　C. $22\mu$　　　　　D. $0.22\mu$

33. 对于电动机负载，熔断器熔体的额定电流应选电动机额定电流的（B）倍。

A. 1～1.5　　　　　B. 1.5～2.5　　　　C. 2.0～3.0　　　　D. 2.5～3.5

34. M7130 平面磨床控制电路中的两个热继电器动断触点的连接方法是（B）。

A. 并联　　　　　　B. 串联　　　　　　C. 混联　　　　　　D. 独立

35. 符合有"0"得"0"，全"1"得"1"的逻辑关系的逻辑门是（B）。

A. 或门　　　　　　B. 与门　　　　　　C. 非门　　　　　　D. 或非门

36. 点接触型二极管应用于（C）。

A. 整流　　　　　　B. 稳压　　　　　　C. 开关　　　　　　D. 光敏

37. 直流电动机结构复杂、价格贵、制造麻烦、维护困难，但是（B）、调速范围大。

A. 起动性能差　　　B. 起动性能好　　　C. 起动电流小　　　D. 起动转矩小

38. 直流电动机结构复杂、价格贵、制造麻烦、（C），但是起动性能好、调速范围大。

A. 换向器大　　　　B. 换向器小　　　　C. 维护困难　　　　D. 维护容易

39. 调节电桥平衡时，若检流计指针向标有"一"的方向偏转时，说明（C）。

A. 通过检流计电流大、应增大比较臂的电阻

B. 通过检流计电流小、应增大比较臂的电阻

C. 通过检流计电流小、应减小比较臂的电阻

D. 通过检流计电流大、应减小比较臂的电阻

40.（D）触发电路输出尖脉冲。

A. 交流变频　　　　B. 脉冲变压器　　　C. 集成　　　　　　D. 单结晶体管

41. 控制和保护含半导体器件的直流电路中宜选用（D）断路器。

A. 塑壳式　　　　　B. 限流型　　　　　C. 框架式　　　　　D. 直流快速

42. FX2N 系列可编程序控制器计数器用（D）表示。

A. X　　　　　　　　B. Y　　　　　　　　C. T　　　　　　　　D. C

43. 接触器的额定电流应不小于被控电路的（A）。

A. 额定电流　　　　B. 负载电流　　　　C. 最大电流　　　　D. 峰值电流

44. 直流接触器一般用于控制（C）的负载。

A. 弱电　　　　　B. 无线电　　　　　C. 直流电　　　　　D. 交流电

45. 直流电动机的定子由机座、（A）、换向极、电刷装置、端盖等组成。

A. 主磁极　　　　B. 转子　　　　　　C. 电枢　　　　　　D. 换向器

46. 普通晶闸管是（A）半导体结构。

A. 四层　　　　　B. 五层　　　　　　C. 三层　　　　　　D. 二层

47. 铁磁性质在反复磁化过程中的 B—H 关系是（B）。

A. 起始磁化曲线　　B. 磁滞回线　　　C. 基本磁化曲线　　D. 局部磁滞回线

48. 并励直流电动机的励磁绕组与（A）并联。

A. 电枢绕组　　　B. 换向绕组　　　　C. 补偿绕组　　　　D. 稳定绕组

49. 对于（C）工作制的异步电动机，热继电器不能实现可靠的过载保护。

A. 轻载　　　　　B. 半载　　　　　　C. 重复短时　　　　D. 连续

50. 直流电动机按照励磁方式可分为他励、并励、串励和（D）四类。

A. 接励　　　　　B. 混励　　　　　　C. 自励　　　　　　D. 复励

51. 三相异步电动机的转子由（A）、转子绕组、风扇、转轴等组成。

A. 转子铁心　　　B. 机座　　　　　　C. 端盖　　　　　　D. 电刷

52. 直流电动机常用的起动方法有：电枢串电阻起动、（B）等。

A. 弱磁起动　　　B. 降压起动　　　　C. Y-△起动　　　　D. 变频起动

53. 直流双臂电桥工作时，具有（A）的特点。

A. 电流大　　　　B. 电流小　　　　　C. 电压大　　　　　D. 电压小

54. 直流电动机降低电枢电压调速时，转速只能从额定转速（B）。

A. 升高一倍　　　B. 往下降　　　　　C. 往上升　　　　　D. 开始反转

55. 下列选项中属于企业文化功能的是（B）。

A. 体育锻炼　　　B. 整合功能　　　　C. 歌舞娱乐　　　　D. 社会交际

56. 电路的作用是实现（A）的传输和转换、信号的传递和处理。

A. 能量　　　　　B. 电流　　　　　　C. 电压　　　　　　D. 电能

57. 直流电动机的各种制动方法中，能向电源反送电能的方法是（D）。

A. 反接制动　　　B. 抱闸制动　　　　C. 能耗制动　　　　D. 回馈制动

58. 下列选项不是 PLC 的特点（D）。

A. 抗干扰能力强　　B. 编程方便　　　C. 安装调试方便　　D. 功能单一

59. M7130 平面磨床的三台电动机都不能起动的原因之一是（C）。

A. 接触器 KM1 损坏　　　　　　　　B. 接触器 KM2 损坏
C. 欠电流继电器 KUC 的触点接触不良　D. 接插器 X1 损坏

60. 单结晶体管的结构中有（C）个 PN 结。

A. 4　　　　　　　B. 3　　　　　　　C. 1　　　　　　　D. 2

61. 单结晶体管是一种特殊类型的（D）。

A. 场效应晶体管　　B. 晶闸管　　　　C. 三极管　　　　　D. 二极管

62. 可编程序控制器通过编程，灵活地改变其控制程序，相当于改变了继电器控制的（D）。

A. 主电路      B. 自锁电路      C. 互锁电路      D. 控制电路

63. 可编程序控制器采用可以编制程序的存储器,用来在其内部存储执行逻辑运算、(D) 和算术运算等操作指令。

A. 控制运算、计数          B. 统计运算、计时、计数

C. 数字运算、计时          D. 顺序控制、计时、计数

64. M7130 平面磨床中,电磁吸盘退磁不好使工件取下困难,但退磁电路正常,退磁电压也正常,则需要检查和调整 (D)。

A. 退磁功率      B. 退磁频率      C. 退磁电流      D. 退磁时间

65. 下列选项中属于职业道德作用的是 (A)。

A. 增强企业的凝聚力          B. 增强企业的离心力

C. 决定企业的经济效益          D. 增强企业员工的独立性

66. 全电路欧姆定律指出:电路中的电流由电源 (D)、内阻和负载电阻决定。

A. 功率      B. 电压      C. 电阻      D. 电动势

67. 处于截止状态的三极管,其工作状态为 (B)。

A. 射结正偏,集电结反偏          B. 射结反偏,集电结反偏

C. 射结正偏,集电结正偏          D. 射结反偏,集电结正偏

68. 多级放大电路之间,常用共集电极放大电路,是利用其 (C) 特性。

A. 输入电阻大、输出电阻大          B. 输入电阻小、输出电阻大

C. 输入电阻大、输出电阻小          D. 输入电阻小、输出电阻小

69. 电位是相对量,随参考点的改变而改变,而电压是 (C),不随参考点的改变而改变。

A. 衡量      B. 变量      C. 绝对量      D. 相对量

70. 职业道德对企业起到 (C) 的作用。

A. 决定经济效益          B. 促进决策科学化

C. 增强竞争力          D. 树立员工守业意识

71. $FX_{2N}$ 系列可编程序控制器输出继电器用 (B) 表示。

A. X      B. Y      C. T      D. C

72. 适合高频电路应用的电路是 (C)。

A. 共射极放大电路          B. 共集电极放大电路

C. 共基极放大电路          D. 差动放大电路

73. 通常信号发生器能输出的信号波形有 (D)。

A. 正弦波      B. 三角波      C. 矩形波      D. 以上都是

74. 基本放大电路中,经过晶体管的信号有 (B)。

A. 直流成分      B. 交流成分      C. 交直流成分      D. 高频成分

75. C6150 车床主轴电动机通过 (B) 控制正反转。

A. 手柄      B. 接触器      C. 断路器      D. 热继电器

76. 可编程序控制器通过编程可以灵活地改变 (D),实现改变常规电气控制电路的目的。

A. 主电路      B. 硬接线      C. 控制电路      D. 控制程序

77. 从业人员在职业交往活动中，符合仪表端庄具体要求的是（B）。

A. 着装华贵 　　　　　　　　　　　B. 适当化妆或戴饰品

C. 饰品俏丽 　　　　　　　　　　　D. 发型要突出个性

78. 能用于传递交流信号，电路结构简单的耦合方式是（A）。

A. 阻容耦合 　　B. 变压器耦合 　　C. 直接耦合 　　D. 电感耦合

79. 要稳定输出电压，减少电路输入电阻应选用（B）负反馈。

A. 电压串联 　　B. 电压并联 　　C. 电流串联 　　D. 电流并联

80. 要稳定输出电流，减小电路输入电阻应选用（D）负反馈。

A. 电压串联 　　B. 电压并联 　　C. 电流串联 　　D. 电流并联

81. 从业人员在职业活动中做到（C）是符合语言规范的具体要求的。

A. 言语细致，反复介绍 　　　　　B. 语速要快，不浪费客人时间

C. 用尊称，不用忌语 　　　　　　D. 语气严肃，维护自尊

82. 可编程序控制器（A）中存放的随机数据掉电即丢失。

A. RAM 　　　　B. ROM 　　　　C. EEPROM 　　D. 以上都是

83. 职工对企业诚实守信应该做到的是（B）。

A. 忠诚所属企业，无论何种情况都始终把企业利益放在第一位

B. 维护企业信誉，树立质量意识和服务意识

C. 扩大企业影响，多对外谈论企业之事

D. 完成本职工作即可，谋划企业发展由有见识的人来做

84.（A）差动放大电路不适合单端输出。

A. 基本 　　　　B. 长尾 　　　　C. 具有恒流源 　　D. 双端输入

85. 高频振荡电感型接近开关的感应头附近无金属物体接近时，接近开关（B）。

A. 有信号输出 　　B. 振荡电路工作 　　C. 振荡减弱或停止 　　D. 产生涡流损耗

86. 压力继电器选用时首先要考虑所测对象的压力范围，还要符合电路中的（B），接口管径的大小。

A. 功率因数 　　B. 额定电压 　　C. 电阻率 　　D. 相位差

87.（A）是变频器对电动机进行恒功率控制和恒转矩控制的分界线，应按电动机的额定频率设定。

A. 基本频率 　　B. 最高频率 　　C. 最低频率 　　D. 上限频率

88. 绕线式异步电动机转子串三级电阻起动时，可用（C）实现自动控制。

A. 速度继电器 　　B. 压力继电器 　　C. 时间继电器 　　D. 电压继电器

89. 变频器常见的频率给定方式主要有操作器键盘给定、控制输入端给定、模拟信号给定、及通信方式给定等，来自 PLC 控制系统的给定不采用（A）方式。

A. 键盘给定 　　B. 控制输入端给定 　　C. 模拟信号给定 　　D. 通信方式给定

90. 晶体管毫伏表专用输入电缆线，其屏蔽层、线芯分别是（B）。

A. 信号线、接地线 　　B. 接地线、信号线 　　C. 保护线、信号线 　　D. 保护线、接地线

91. RC 选频振荡电路适合（B）kHz 以下的低频电路。

A. 1000 　　　　B. 200 　　　　C. 100 　　　　D. 50

92. 选用接近开关时应注意对工作电压、（C）、响应频率、检测距离等各项指标的

要求。

    A. 工作速度        B. 工作频率        C. 负载电流        D. 工作功率

93. C6150 车床 4 台电动机都缺相无法起动时，应首先检修（A）。

    A. 电源进线开关                B. 接触器 KM1

    C. 三位置自动复位开关 SA1      D. 控制变压器 TC

94. 将接触器 KM1 的动合触点串联到接触器 KM2 线圈电路中的控制电路能够实现（D）。

    A. KM1 控制的电动机先停止，KM2 控制的电动机后停止的控制功能

    B. KM2 控制的电动机停止时 KM1 控制的电动机也停止的控制功能

    C. KM2 控制的电动机先起动，KM1 控制的电动机后起动的控制功能

    D. KM1 控制的电动机先起动，KM2 控制的电动机后起动的控制功能

95. （B）是 PLC 主机的技术性能范围。

    A. 光电传感器    B. 数据存储区    C. 温度传感器    D. 行程开关

96. 磁性开关干簧管内两个铁质弹性簧片的接通与断开是由（D）控制的。

    A. 接触器        B. 按钮        C. 电磁铁        D. 永久磁铁

97. 位置控制就是利用生产机械运动部件上的挡铁与（B）碰撞来控制电动机的工作状态。

    A. 断路器        B. 位置开关        C. 按钮        D. 接触器

98. 磁性开关的图形符号中，其菱形部分与动合触点部分用（A）相连。

    A. 虚线        B. 实线        C. 双虚线        D. 双实线

99. 下列不属于位置控制线路的是（A）。

    A. 走廊照明灯的两处控制电路      B. 龙门刨床的自动往返控制电路

    C. 电梯的开关门电路           D. 工厂车间里行车的终点保护电路

100. 三相异步电动机能耗制动时（B）中通入直流电。

    A. 转子绕组    B. 定子绕组    C. 励磁绕组    D. 补偿绕组

101. 三相异步电动机能耗制动的过程可用（C）来控制。

    A. 电流继电器    B. 电压继电器    C. 速度继电器    D. 热继电器

102. 磁性开关在使用时要注意磁铁与干簧管之间的有效距离在（C）左右。

    A. 10cm        B. 10dm        C. 10mm        D. 1mm

103. 软起动器具有节能运行功能，在正常运行时，能依据负载比例自动调节输出电压，使电动机运行在最佳效率的工作区，最适合应用于（A）。

    A. 间歇性变化的负载  B. 恒转矩负载    C. 恒功率负载    D. 泵类负载

104. 单相半波可控整流电路的输出电压范围是（D）。

    A. $1.35U_2\sim0$    B. $U_2\sim0$    C. $0.9U_2\sim0$    D. $0.45U_2\sim0$

105. 增量式光电编码器主要由光源、（C）、检测光栅、光电检测器件和转换电路组成。

    A. 光电三极管    B. 运算放大器    C. 码盘    D. 脉冲发生器

106. FX2$_N$ 系列可编程序控制器输入动合触点用（A）指令。

    A. LD        B. LDI        C. OR        D. ORI

107. 增量式光电编码器主要由光源、码盘、检测光栅、（A）和转换电路组成。

    A. 光电检测器件    B. 发光二极管    C. 运算放大器    D. 镇流器

108. PLC 的辅助继电器、定时器、计数器、输入和输出继电器的触点可使用（D）次。

    A. 一    B. 二    C. 三    D. 无限

109. 增量式光电编码器由于采用固定脉冲信号，因此旋转角度的起始位置（B）。

    A. 是出厂时设定的    B. 可以任意设定

    C. 使用前设定后不能变    D. 固定在码盘上

110. 单相桥式可控整流电路电感性负载，控制角 $\alpha=60°$ 时，输出电压 $U_d$ 是（C）。

    A. $1.17U_2$    B. $0.9U_2$    C. $0.45U_2$    D. $1.35U_2$

111. 单结晶体管触发电路输出（B）。

    A. 双脉冲    B. 尖脉冲    C. 单脉冲    D. 宽脉冲

112. 三相笼型异步电动机电源反接制动时需要在（C）中串入限流电阻。

    A. 直流回路    B. 控制回路    C. 定子回路    D. 转子回路

113. 晶闸管电路中串入快速熔断器的目的是（B）。

    A. 过电压保护    B. 过电流保护    C. 过热保护    D. 过冷保护

114. PLC 编程时，主程序可以有（A）个。

    A. 一    B. 二    C. 三    D. 无限

115. 可编程序控制器的梯形图规定串联和并联的触点数是（B）。

    A. 有限的    B. 无限的    C. 最多8个    D. 最多16个

116. 晶闸管两端并联压敏电阻的目的是实现（D）。

    A. 防止冲击电流    B. 防止冲击电压    C. 过电流保护    D. 过电压保护

117. 增量式光电编码器根据输出信号的可靠性选型时要考虑（B）。

    A. 电源频率    B. 最大分辨速度    C. 环境温度    D. 空间高度

118. 计算机对 PLC 进行程序下载时，需要使用配套的（D）。

    A. 网络线    B. 接地线    C. 电源线    D. 通信电缆

119. PLC 编程软件通过计算机，可以对 PLC 实施（D）。

    A. 编程    B. 运行控制    C. 监控    D. 以上都是

120. 软起动器的（A）功能用于防止离心泵停车时的"水锤效应"。

    A. 软停机    B. 非线性软制动    C. 自由停机    D. 直流制动

121. 将程序写入可编程序控制器时，首先将存储器清零，然后按操作说明写入（B），结束时用结束指令。

    A. 地址    B. 程序    C. 指令    D. 序号

122. 对于可编程序控制器电源干扰的抑制，一般采用隔离变压器和交流滤波器来解决，在某些场合还可以采用（A）电源供电。

    A. UPS    B. 直流发电机    C. 锂电池    D. CPU

123. 软起动器的日常维护一定要由（A）进行操作。

    A. 专业技术人员    B. 使用人员    C. 设备管理部门    D. 销售服务人员

124. 为避免程序和（D）丢失，可编程序控制器装有锂电池，当锂电池电压降至相应的信号灯亮时，要及时更换电池。

    A. 地址         B. 序号         C. 指令         D. 数据

125. 对于晶体管输出型 PLC，要注意负载电源为（D），并且不能超过额定值。

    A. AC 380V      B. AC 220V      C. DC 220V      D. DC 24V

126. 电容器上标注的符号 224 表示其容量为 $22 \times 10^4$ （D）。

    A. F         B. Mf         C. mF         D. pF

127. 下列事项中属于办事公道的是（D）。

    A. 顾全大局，一切听从上级        B. 大公无私，拒绝亲戚求助

    C. 知人善任，努力培养知己        D. 坚持原则，不计个人得失

128. 对自己所使用的工具（A）。

    A. 每天都要清点数量，检查完好性    B. 可以带回家借给邻居使用

    C. 丢失后，可以让单位再买        D. 找不到时，可以拿其他员工的

129. 常用的绝缘材料包括：气体绝缘材料、（D）和固体绝缘材料。

    A. 木头         B. 玻璃         C. 胶木         D. 液体绝缘材料

130. 当人体触及（D）可能导致电击的伤害。

    A. 带电导线         B. 漏电设备的外壳和其他带电体

    C. 雷击或电容放电         D. 以上都是

131. 使用电解电容时（B）。

    A. 负极接高电位，正极接低电位    B. 正极接高电位，负极接低电位

    C. 负极接高电位，负极也可以接高电位    D. 不分正负极

132. 职工上班时不符合着装整洁要求的是（A）。

    A. 夏天天气炎热时可以只穿背心    B. 不穿奇装异服上班

    C. 保持工作服的干净和整洁        D. 按规定穿工作服上班

133. 职工上班时符合着装整洁要求的是（D）。

    A. 夏天天气炎热时可以只穿背心    B. 服装的价格越贵越好

    C. 服装的价格越低越好        D. 按规定穿工作服

134. 使用扳手拧螺母时应该将螺母放在扳手口的（B）。

    A. 前部         B. 后部         C. 左边         D. 右边

135. 根据劳动法的有关规定，（D），劳动者可以随时通知用人单位解除劳动合同。

    A. 在试用期间被证明不符合录用条件的

    B. 严重违反劳动纪律或用人单位规章制度的

    C. 严重失职、营私舞弊，对用人单位利益造成重大损害的

    D. 用人单位未按照劳动合同约定支付劳动报酬或者是提供劳动条件的

136. 活动扳手可以拧（C）规格的螺母。

    A. 一种         B. 二种         C. 几种         D. 各种

137. 文明生产的内部条件主要指生产有节奏、（B）、物流安排科学合理。

    A. 增加产量      B. 均衡生产      C. 加班加点      D. 加强竞争

138. 绝缘电阻表的接线端标有（A）。

    A. 接地 E、线路 L、屏蔽 G    B. 接地 N、导通端 L、绝缘端 G

C. 接地 E、导通端 L、绝缘端 G　　　　D. 接地 N、通电端 G、绝缘端 L

139. 生产环境的整洁卫生是（B）的重要方面。

A. 降低效率　　　　B. 文明生产　　　　C. 提高效率　　　　D. 增加产量

140. 机床照明、移动行灯等设备，使用的安全电压为（D）。

A. 9V　　　　B. 12V　　　　C. 24V　　　　D. 36V

141. 特别潮湿场所的电气设备使用时的安全电压为（B）。

A. 9V　　　　B. 12V　　　　C. 24V　　　　D. 36V

142. 对电气开关及正常运行产生火花的电气设备，应（A）存放可燃物质的地点。

A. 远离　　　　　　　　　　B. 采用铁丝网隔断

C. 靠近　　　　　　　　　　D. 采用高压电网隔断

143. 火焰与带电体之间的最小距离，10kV 及以下为（A）m。

A. 1.5　　　　B. 2　　　　C. 3　　　　D. 2.5

144. 本安防爆型电路及其外部配线用的电缆或绝缘导线的耐压强度应选用电路额定电压的 2 倍，最低为（A）。

A. 500V　　　　B. 400V　　　　C. 300V　　　　D. 800V

145. 正弦交流电常用的表达方法有（D）。

A. 解析式表示法　　B. 波形图表示法　　C. 相量表示法　　D. 以上都是

146. 串联正弦交流电路的视在功率表征了该电路的（A）。

A. 电路中总电压有效值与电流有效值的乘积

B. 平均功率

C. 瞬时功率最大值

D. 无功功率

147. 当电阻为 8.66Ω 与感抗为 5Ω 串联时，电路的功率因数为（B）。

A. 0.5　　　　B. 0.866　　　　C. 1　　　　D. 0.6

148. 三相对称电路的线电压比对应相电压（A）。

A. 超前 30°　　　　B. 超前 60°　　　　C. 滞后 30°　　　　D. 滞后 60°

149. 高压设备室内不得接近故障点（D）以内。

A. 1m　　　　B. 2m　　　　C. 3m　　　　D. 4m

150. 电气设备的巡视一般均由（B）进行。

A. 1 人　　　　B. 2 人　　　　C. 3 人　　　　D. 4 人

151. 三相异步电动机的优点是（D）。

A. 调速性能好　　B. 交直流两用　　C. 功率因数高　　D. 结构简单

152. 三相异步电动机的转子由转子铁心、（B）、风扇、转轴等组成。

A. 电刷　　　　B. 转子绕组　　　　C. 端盖　　　　D. 机座

153. 三相刀开关的图形符号与交流接触器的主触点符号是（C）。

A. 一样的　　　　B. 可以互换　　　　C. 有区别的　　　　D. 没有区别

154. 行程开关的文字符号是（B）。

A. QS　　　　B. SQ　　　　C. SA　　　　D. KM

155. 热继电器的作用是（B）。

A. 短路保护　　　　B. 过载保护　　　　C. 失电压保护　　　　D. 零电压保护

156. 三相异步电动机的起停控制线路由电源开关、(C)、交流接触器、热继电器、按钮等组成。

A. 时间继电器　　　B. 速度继电器　　　C. 熔断器　　　　　D. 电磁阀

157. 三相异步电动机的起停控制线路由电源开关、熔断器、(C)、热继电器、按钮等组成。

A. 时间继电器　　　B. 速度继电器　　　C. 交流接触器　　　D. 漏电保护器

158. (D) 以电气原理图，安装接线图和平面布置图最为重要。

A. 电工　　　　　　B. 操作者　　　　　C. 技术人员　　　　D. 维修电工

159. 读图的基本步骤有：(A)，看电路图，看安装接线图。

A. 图样说明　　　　B. 看技术说明　　　C. 看图样说明　　　D. 组件明细表

160. 根据电动机正反转梯形图，下列指令正确的是（C）。

A. ORI Y002　　　　B. LDI X001　　　　C. ANDI X000　　　D. AND X002

二、判断题（第161题~第200题。将判断结果填入括号中。正确的填"√"，错误的填"×"。每题0.5分，满分20分。）

161. （√）对于每个职工来说，质量管理的主要内容有岗位的质量要求，质量目标，质量保证措施和质量责任等。

162. （×）常用的绝缘材料可分为橡胶和塑料两大类。

163. （√）绝缘电阻表俗称摇表，是用于测量各种电气设备绝缘电阻的仪表。

164. （×）PLC之所以具有较强的抗干扰能力，是因为PLC输入端采用了继电器输入方式。

165. （×）变压器既能改变交流电压，又能改变直流电压。

166. （×）PLC编程时，子程序至少要有一个。

167. （√）触电的形式是多种多样的，但除了因电弧灼伤及熔融的金属飞溅灼伤外，可大致归纳为三种形式。

168. （×）功率放大电路要求功率大，非线性失真小，效率高低没有关系。

169. （√）质量管理是企业经营管理的一个重要内容，是企业的生命线。

170. （×）三相异步电动机能耗制动时定子绕组中通入单相交流电。

171. （×）三相异步电动机的转向与旋转磁场的方向相反时，工作在再生制动状态。

172. （√）直流电动机起动时，励磁回路的调节电阻应该短接。

173. （√）线性有源二端口网络可以等效成理想电压源和电阻的串联组合，也可以等效成理想电流源和电阻的并联组合。

174. （×）增量式光电编码器能够直接检测出轴的绝对位置。

175. （√）单相桥式可控整流电路电感性负载，控制角 $\alpha$ 的移相范围是 $0°\sim90°$。

176. （√）增量式光电编码器主要由光源、码盘、检测光栅、光电检测器件和转换电路组成。

177. （×）晶闸管过电流保护电路中用快速熔断器来防止瞬间的电流尖峰损坏器件。

178. （×）当被检测物体的表面光亮或其反光率极高时，对射式光电开关是首选的检测模式。

179.（×）一般万用表可以测量直流电压、交流电压、直流电流、电阻、功率等物理量。

180.（√）逻辑门电路表示输入与输出逻辑变量之间对应的因果关系，最基本的逻辑门是与门、或门、非门。

181.（√）光电开关将输入电流在发射器上转换为光信号射出，接收器再根据所接收到的光线强弱或有无对目标物体实现探测。

182.（√）交—直—交变频器主电路的组成包括整流电路、滤波环节、制动电路、逆变电路。

183.（×）差动放大电路的单端输出与双端输出效果是一样的。

184.（√）分压式偏置共发射极放大电路是一种能够稳定静态工作点的放大器。

185.（×）可编程序控制器的程序由编程器送入处理器中的控制器，可以方便地读出、检查与修改。

186.（×）接近开关又称无触点行程开关，因此与行程开关的符号完全一样。

187.（√）单相桥式可控整流电路电感性负载，输出电流的有效值等于平均值。

188.（×）频率、振幅和相位均相同的三个交流电压，称为对称三相电压。

189.（×）二极管两端加上正向电压就一定会导通。

190.（×）二极管只要工作在反向击穿区，一定会被击穿。

191.（×）正弦量的三要素是指其最大值、角频率和相位。

192.（√）企业活动中，员工之间要团结合作。

193.（×）职业道德是一种强制性的约束机制。

194.（√）创新是企业进步的灵魂。

195.（√）Z3040 摇臂钻床的主电路中有 4 台电动机。

196.（√）扳手的主要功能是拧螺栓和螺母。

197.（√）职业道德是人的事业成功的重要条件。

198.（√）电路的作用是实现能量的传输和转换、信号的传递和处理。

199.（√）集成运放工作在线性应用场合必须加适当的负反馈。

200.（×）导线可分为铜导线和铝导线两大类。

附　　录

**附表 1**　　　　　　　　　　　　　　　　**常用建筑图例符号**

| 图例 | 名称 | 图例 | 名称 |
|---|---|---|---|
| | 普通砖墙 | | 自然土壤 |
| | 普通砖墙 | | 砂、灰土及粉刷材料 |
| | 普通砖柱 | | 普通砖 |
| | 钢筋混凝土柱 | | 混凝土 |
| | 窗户 | | 钢筋混凝土 |
| | 窗 | | 金属 |
| | 单扇门 | | 木材 |
| | 双扇门 | | 玻璃 |
| | 双扇弹簧门 | | 素土夯实 |
| | 不可见孔洞 | | 空门洞 |
| | 可见孔洞 | | 墙内单扇推拉门 |
| 0.000 | 高程符号（用 m 表示） | | 污水池 |
| ① ②/4 | 轴线号与附加轴线号 | | 楼梯底层<br>中间层<br>顶层 |

**附表 2　　　　常用电器分类及图形符号、文字符号**

| 分类 | 名称 | 图形符号文字符号 | 分类 | 名称 | 图形符号文字符号 |
|---|---|---|---|---|---|
| A 组件部件 | 起动装置 | 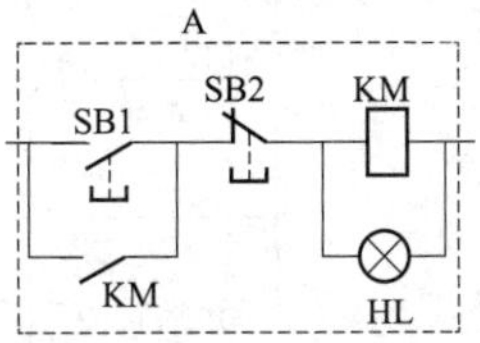 A / SB1 SB2 KM / KM HL | F 保护器件 | 欠电流继电器 | $I<$　FA |
| B 将电量变换成非电量,将非电量变换成电量 | 扬声器 |  B（将电量变换成非电量） | | 过电流继电器 | $I>$　FA |
| | 传声器 |  B（将非电量变换成电量） | | 欠电压继电器 | $U>$　FV |
| C 电容器 | 一般电容器 | 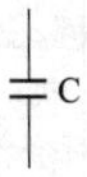 C | | 过电压继电器 | 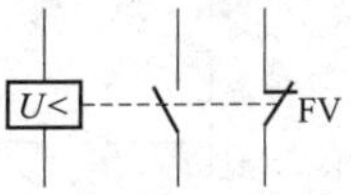 $U<$　FV |
| | 极性电容器 | C | | 热继电器 | 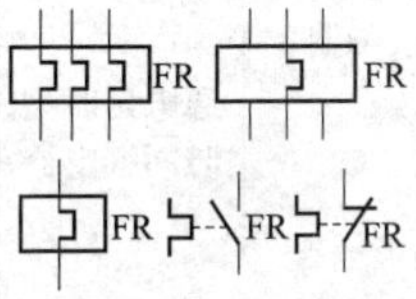 FR FR / FR FR FR |
| | 可变电容器 | C | | 熔断器 |  FU |
| D 二进制元件 | 与门 | D & | G 发生器,发电机,电源 | 交流发电机 | 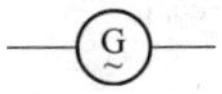 G |
| | 或门 | D ≥1 | | 直流发电机 |  G |
| | | | | 电池 | 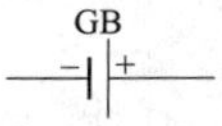 GB |
| | 非门 | D | H 信号器件 | 电喇叭 |  HA |
| | | | | 蜂鸣器 | 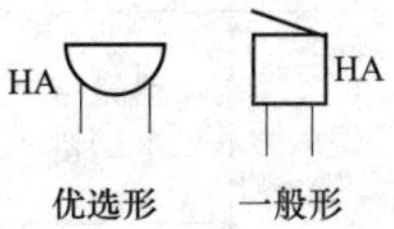 HA HA（优选形　一般形） |
| E 其他 | 照明灯 | EL | | 信号灯 | 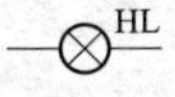 HL |

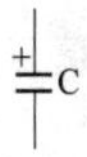

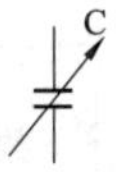

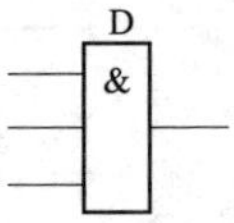

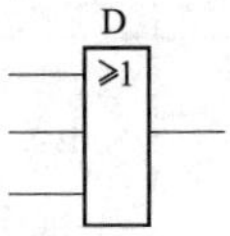

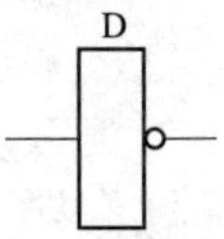

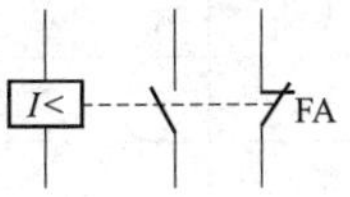

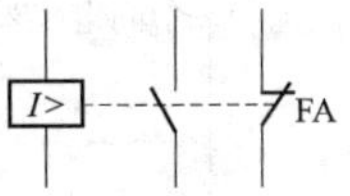

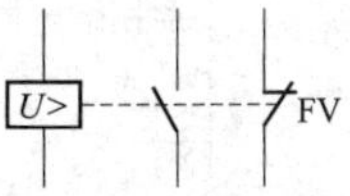

169

续表

| 分类 | 名称 | 图形符号文字符号 | 分类 | 名称 | 图形符号文字符号 |
|---|---|---|---|---|---|
| I | | （不使用） | M 电动机 | 他励直流电动机 | |
| J | | （不使用） | | 并励直流电动机 | |
| K 继电器，接触器 | 中间继电器 | KA ⊣⊢ KA | | 串励直流电动机 | |
| | 通用继电器 | KA ⊣⊢ KA | | 三相步进电动机 | |
| | 接触器 | KA KM | | 永磁直流电动机 | |
| | 通电延时型时间继电器 | 或 KT / KT ⊣KT / KT / KT / KT | N 模拟元件 | 运算放大器 | |
| | 断电延时型时间继电器 | 或 KT / KT ⊣KT / KT / KT / KT | | 反相放大器 | |
| | | | | 数—模转换器 | #/U N |
| L 电感器，电抗器 | 电感器 | L （一般符号） L （带磁芯符号） | N | 模—数转换器 | U/# N |
| | 可变电感器 | L | O | | （不使用） |
| | 电抗器 | L | P 测量设备，试验设备 | 电流表 | PA Ⓐ |
| M 电动机 | 鼠笼型电动机 | U V W Ⓜ 3~ | | 电压表 | PV Ⓥ |
| | | | | 有功功率表 | Ⓚ W PW |
| | 绕线型电动机 | U V W Ⓜ 3~ | | 有功电度表 | kWh PJ |

| 分类 | 名称 | 图形符号文字符号 | 分类 | 名称 | 图形符号文字符号 |
|---|---|---|---|---|---|
| Q<br>电力电路<br>的开关器件 | 断路器 | QF | S<br>控制、记忆、<br>信号电路<br>开关器件<br>选择器 | 按钮 | SB |
| | 隔离开关 | QS | | 急停按钮 | SB |
| | 刀熔开关 | QS | | 行程开关 | SQ |
| | 手动开关 | QS QS | | 压力继电器 | SP |
| | 双投刀开关 | QS | | 液位继电器 | SL SL SL SL |
| | 组合开关<br>旋转开关 | QS | | 速度继电器 | SV SV SV |
| | 负荷开关 | QL | | 选择开关 | SA |
| R<br>电阻器 | 电阻 | R | | 接近开关 | SQ |
| | 固定抽头<br>电阻 | R | | 万能转换<br>开关，凸轮<br>控制器 | SA<br>2 1 0 1 2 |
| | 可变电阻 | | T<br>变压器<br>互感器 | 单相<br>变压器 | T |
| | 电位器 | RP | | 自耦变压器 | 形式1　形式2 T |
| | 频敏变阻器 | RF | | 三相变压器<br>(星形/三角形<br>接线) | 形式1　形式2 T |

171

| 分类 | 名称 | 图形符号文字符号 | 分类 | 名称 | 图形符号文字符号 |
|---|---|---|---|---|---|
| T 变压器 互感器 | 电压互感器 | 电压互感器与变压器图形符号相同，文字符号为 TV | X 端子 插头 插座 | 插头 | 优选型　其他型 XP |
| | 电流互感器 | TA 形式1　形式2 | | 插座 | 优选型　其他型 XS |
| U 调制器 变换器 | 整流器 | U | | 插头插座 | 优选型　其他型 x |
| | 桥式全波整流器 | U | | 连接片 | 接通时　断开时 XB |
| | 逆变器 | U | Y 电器操作的机械器件 | 电磁铁 | 或 YA |
| | 变频器 | f₁ f₂ U | | 电磁吸盘 | 或 YH |
| V 电子管 晶体管 | 二极管 | V | | 电磁制动器 | M YB |
| | 三极管 | V V PNP型　NPN型 | | 电磁阀 | 或 或 YV |
| | 晶闸管 | V V 阳极侧受控　阴极侧受控 | Z 滤波器、限幅器、均衡器、终端设备 | 滤波器 | Z |
| W 传输通道，波导，天线 | 导线，电缆，母线 | W | | 限幅器 | Z |
| | 天线 | W | | 均衡器 | Z |